装配式混凝土建筑口袋书

钢 筋 加 工

Processing of Steel Bar for PC Buildings

主编 黄 营

参编 张 健 高 中

U0209292

机械工业出版社

CHINA MACHINE PRESS

本书由经验丰富的一线技术和管理人员编写，聚焦装配式混凝土建筑的关键环节——钢筋制作环节，以简洁精练、通俗易懂的语言配合丰富的图片和案例，详细地介绍了装配式混凝土建筑钢筋制作的特点、材料、设备、作业前准备、工厂加工、骨架入模、工地加工、质量要点和安全与文明生产等，还介绍了预埋件制作、外露钢筋保护、工厂隐蔽工程验收、工地隐蔽工程验收等。

本书可作为装配式混凝土建筑预制构件生产和施工企业的培训手册、管理手册、作业指导书和操作规程，更可作为预制构件生产和施工企业一线技术人员、管理人员及生产与安装工人随身携带的工具书，对总包企业技术管理人员、工程监理人员、甲方技术人员也有很好的借鉴、参考价值。

图书在版编目（CIP）数据

装配式混凝土建筑口袋书. 钢筋加工/黄营主编. —北京：机械工业出版社，2019.1
ISBN 978-7-111-61255-1

Ⅰ. ①装…　Ⅱ. ①黄…　Ⅲ. ①装配式混凝土结构－钢筋－金属加工　Ⅳ. ①TU37

中国版本图书馆 CIP 数据核字（2018）第 249880 号

机械工业出版社（北京市百万庄大街22号　邮政编码100037）
策划编辑：薛俊高　责任编辑：薛俊高
封面设计：张　静　责任校对：刘时光
责任印制：孙　炜
天津翔远印刷有限公司印刷
2019 年 1 月第 1 版第 1 次印刷
119mm×165mm·6.875 印张·150 千字
标准书号：ISBN 978-7-111-61255-1
定价：29.00 元

凡购本书，如有缺页、倒页、脱页，由本社发行部调换

电话服务　　　　　　　　　　网络服务
服务咨询热线：010-88361066　机 工 官 网：www.cmpbook.com
读者购书热线：010-68326294　机 工 官 博：weibo.com/cmp1952
　　　　　　　010-88379203　金 书 网：www.golden-book.com
封面无防伪标均为盗版　　　教育服务网：www.cmpedu.com

本书编委会

主　任　郭学明

副主任　许德民　张玉波

编　委　李　营　杜常岭　黄　营　潘　峰
　　　　　高　中　张　健　李　睿　樊向阳
　　　　　刘志航　张晓峰　黄　鑫　张长飞
　　　　　郭学民

前　言

我非常荣幸地成为装配式混凝土建筑口袋书编委会的成员，并担任《钢筋加工》一书的主编。

无论装配式建筑有多么大的优势，也无论装配式建筑方案制定得多么完美、设计得多么先进合理，最终的品质还是靠一线的技术人员、管理人员和技术工人去实现的，所以，装配式建筑项目成败的关键很大程度上取决于一线人员是否按照正确的方式进行了规范的作业，加工制作出了合格优质的钢筋制品，为生产出优质的预制构件，进而完成并实现优质的装配式工程打下坚实的基础。装配式建筑开展几年来的实践也证明了，所有的优质装配式建筑工程一定是由经过严格系统培训的、掌握了装配式建筑技术和操作技能的一线人员，包括制作和安装人员严格按照设计和规范要求精心作业而实现的，凡是出现很多问题的装配式建筑工程都是因为不知其所以然、蛮干、乱干所造成的。所以，装配式建筑健康发展的当务之急是培训熟练的技术工人和管理人员，使从事装配式建筑的一线技术人员、管理人员和技术工人真正掌握装配式建筑的原理、工艺和操作规程。

本书就是出于这个目的，聚焦于装配式混凝土建筑非常重要的环节——钢筋的下料、加工而编写的，目的是作为一线人员的工具书、作业指导书和操作规程，让一线人员按照正确的方式、科学的工法进行作业，保证装配式预制构件及装配式混凝土建筑的品质，真正发挥、实现装配式混凝土建筑的优势。

本书是在以郭学明先生为主任、许德民先生和张玉波先生为副主任的编委会指导下，以《装配式混凝土结构建筑的设计、制作与施工》（主编郭学明）及《装配式混凝土建筑——构件工艺设计与制作 200 问》（丛书主编郭学明，主编李营）两本技术书为基础，以相关国家规范及行业规范为依据，结合各位作者丰富的多年实际生产制作经验编写而成的。全书以简洁精练、通俗易懂的语言配合丰富的现场图片和实际案例，在装配式混凝土建筑钢筋制作的特点、工艺、工法、设备等诸多方面进行了全面的深化、细化和拓展，以方便和适合一线人员的实际阅读使用。

编委会主任郭学明先生指导、制定了本书的框架及章节提纲，给出了具体的写作意见，并进行了全书的书稿审核；编委会副主任许德民先生对全书进行了校对、修改和具体审核；编委会副主任张玉波先生对全书进行了校对和统稿。

本人多年来一直从事装配式混凝土建筑预制构件的设计工作；参编者高中先生一直在预制构件生产企业从事质量、技术和生产管理工作，具有较丰富和扎实的技术功底；参编者张健先生多年来一直从事预制构件的生产管理工作，具有丰富的管理和制作经验，现为沈阳兆寰现代建筑构件有限公司的工厂厂长。

本书共分 15 章。

第 1 章是装配式混凝土建筑简介，讲述了装配式建筑的基本概念，装配整体式混凝土建筑与全装配式混凝土建筑的概念，装配式混凝土建筑结构体系类型以及装配式混凝土建筑的连接方式等。

第 2 章介绍了装配式混凝土建筑钢筋制作的特点。

第 3 章和第 5 章分别讲述了材料的种类、材料验收与保管。

第 4 章介绍了钢筋加工设备。

第 6 章描述了工厂钢筋加工前的技术准备。

第 7 章和第 12 章分别讲述了工厂钢筋加工和工地钢筋加工。

第 8 章介绍了预埋件分类及专用预埋件的制作。

第 9 章介绍了钢筋骨架入模。

第 10 章和第 13 章分别讲述了预制构件隐蔽工程验收和工地现浇混凝土隐蔽工程验收。

第 11 章介绍了预制构件存放、运输时对外露钢筋的保护。

第 14 章和第 15 章分别介绍了钢筋加工的质量要点和安全与文明生产。

我作为主编对全书进行了初步统稿，同时是第 1 章、第 3 章、第 8 章、第 10 章、第 11 章、第 13 章的主要编写者；参编者高中先生是第 2 章、第 5 ~ 7 章、第 12 章的主要编写者；参编者张健先生是第 4 章、第 9 章、第 14 章、第 15 章的主要编写者。其他编委会成员也通过群聊、讨论的方式为本书贡献了许多有益的内容或思路。

感谢安徽晶宫绿建节能建筑有限责任公司总经理顾建安先生和上海城业管桩构件有限公司叶贤博先生对本书部分章节提出了很有价值的修改意见。

由于装配式混凝土建筑在我国发展较晚，有很多制作工艺和技术尚未成熟，正在研究探索之中，加之作者水平和经验有限，书中难免有不足和错误之处，敬请读者批评指正。

本书主编　黄　莹

目 录

第1章 装配式混凝土建筑简介

本章介绍什么是装配式建筑（1.1）、什么是装配式混凝土建筑（1.2）、装配整体式混凝土建筑与全装配式混凝土建筑（1.3）、装配式混凝土建筑结构的体系类型（1.4）以及装配式混凝土建筑预制构件（1.5）。

1.1 什么是装配式建筑

1. 常规概念

一般来说，装配式建筑是指由预制部件通过可靠连接方式建造的建筑。按照这个理解，装配式建筑有两个主要特征：

（1）构成建筑的主要构件特别是结构构件是预制的。

（2）预制构件的连接方式必须是可靠的。

2. 国家标准定义

按照装配式混凝土建筑、装配式钢结构建筑和装配式木结构建筑的国家标准关于装配式建筑的定义，装配式建筑是"结构系统、外围护系统、内装系统、设备与管线系统的主要部分采用预制部品部件集成的建筑。"

这个定义强调了装配式建筑是4个系统（而不仅仅是结构系统）的主要部分采用预制部品部件集成的，见图1-1。

图 1-1 装配式建筑在国家标准定义里的 4 个系统示意图

3. 对国家标准定义的理解

国家标准关于装配式建筑的定义既有现实意义，又有长远意义。这个定义基于以下国情：

（1）近年来中国建筑特别是住宅建筑的规模是人类建筑史上前所未有的，如此大的规模特别适于建筑产业全面（而不仅仅是结构部件）实现工业化与现代化。

（2）目前中国建筑标准低，适宜性、舒适度和耐久性还比较差，大多是以毛坯房的形式交付的，而且管线埋设在混凝土中，天棚无吊顶，地面不架空，排水不同层等。强调4个系统集成，有助于建筑标准的全面提升。

（3）中国建筑业施工工艺还比较落后，不仅在结构施工方面，而且体现在设备管线系统和内装系统方面，标准化模块化程度都还较低，与发达国家比较有一定的差距。

（4）由于建筑标准低和施工工艺落后，材料、能源消耗较高，是现在和未来我国节能减排的重要战场。

鉴于以上各点，强调4个系统的集成，不仅是"补课"的需要，更是适应现实、面向未来的需要。通过推广以4个系统集成为主要特征的装配式建筑，可以借此全面提升建筑现代化水平，提高环境效益、社会效益和经济效益。

4. 装配式建筑的分类

（1）现代装配式建筑按主体结构材料分类，有装配式混凝土建筑（图1-2）、装配式钢结构建筑（图1-3）、装配式木结构建筑（图1-4）和装配式组合结构建筑（图1-5）等。

（2）装配式建筑按结构体系分类，有框架结构、框架-剪力墙结构、筒体结构、剪力墙结构、无梁板结构、空间薄壁结构、悬索结构、预制钢筋混凝土柱单层厂房结构等。

图1-2 装配式混凝土结构建筑——沈阳丽水新城（中国最早的一批装配式建筑）

图1-3 装配式钢结构建筑（美国科罗拉多州空军小教堂）

图1-4 世界最高的装配式木结构建筑（温哥华UBC大学学生公寓楼，高53m）

图1-5 装配式组合结构建筑（东京鹿岛赤坂大厦，为混凝土结构与钢结构组合）

1.2 什么是装配式混凝土建筑

1. 装配式混凝土建筑的定义

按照国家标准对装配式混凝土建筑的定义，装配式混凝土建筑是指"建筑的结构系统由混凝土部件构成的装配式建筑。"而装配式建筑又是结构、外围护、内装和设备管线系统的主要部品部件预制集成的建筑。由此，装配式混凝土建筑的两个主要特征即是：

（1）构成建筑结构的构件是混凝土预制构件。

（2）装配式混凝土建筑是4个系统——结构、外围护、内装和设备管线系统的主要部品部件预制集成的建筑。

国际建筑界习惯把装配式混凝土建筑简称为 PC 建筑。PC 是英语 Precast Concrete 的缩写，是预制混凝土的意思。

2. 装配式混凝土建筑的预制率和装配率

近年来，国家和各级政府主管建筑的部门在推广装配式建筑特别是装配式混凝土建筑时，经常要用到预制率和装配率的概念。

（1）预制率

预制率（precast ratio）一般是指装配式混凝土建筑中，建筑室外地坪以上的主体结构和围护结构中，预制构件部分的混凝土用量占混凝土总用量的体积比。

装配式混凝土建筑按预制率的高低可分为：小于5%为局部使用预制构件；5%~20%为低预制率；20%~50%为普通预制率；50%~70%为高预制率；70%以上为超高预制率，见图1-6。需要说明的是，全装配式混凝土结构的预制率最高可以达到100%，但装配整体式混凝土结构的预制率最高只能达到90%左右。

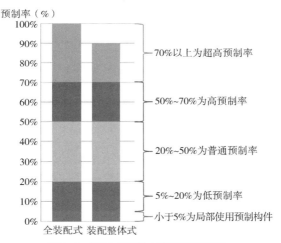

图 1-6　装配式混凝土建筑的预制率

（2）装配率

按照国家标准《装配式建筑评价标准》GB/T 51129—2017 的定义，装配率（prefabrication ratio）是指单体建筑室外地坪以上的主体结构、围护墙和内隔墙、装修和设备管线等采用预制部品部件的综合比例。

装配率应根据表 1-1 中的评价分值按下式计算：

$$P = \frac{Q_1 + Q_2 + Q_3}{100 - Q_4} \times 100\%　　　　式（1-1）$$

式中　P——装配率；

Q_1——主体结构指标实际得分值；

Q_2——围护墙和内隔墙指标实际得分值；

Q_3——装修与设备管线指标实际得分值；

Q_4——计算项目中缺少的计算项分值总和。

表 1-1　装配式建筑评分表

评价项		指标要求	计算分值	最低分值
主体结构（50分）	柱、支撑、承重墙、延性墙板等竖向构件	35% ≤ 比例 ≤ 80%	20 ~ 30 *	20
	梁、板、楼梯、阳台、空调板等构件	70% ≤ 比例 ≤ 80%	10 ~ 20 *	
围护墙和内隔墙（20分）	非承重围护墙非砌筑	比例 ≥ 80%	5	10
	围护墙与保温、隔热、装饰一体化	50% ≤ 比例 ≤ 80%	2 ~ 5 *	
	内隔墙非砌筑	比例 ≥ 50%	5	
	内隔墙与管线、装修一体化	50% ≤ 比例 ≤ 80%	2 ~ 5 *	
装修和设备管线（30分）	全装修	—	6	6
	干式工法的楼面、地面	比例 ≥ 70%	6	—
	集成厨房	70% ≤ 比例 ≤ 90%	3 ~ 6 *	
	集成卫生间	70% ≤ 比例 ≤ 90%	3 ~ 6 *	
	管线分离	50% ≤ 比例 ≤ 70%	4 ~ 6 *	

　　注：表中带"＊"项的分值采用"内插法"计算，计算结果取小
　　　　数点后 1 位。

3. 国内装配式混凝土建筑的实例

　　中国装配式混凝土建筑的历史始于 20 世纪 50 年代，到 80 年代达至高潮，预制构件厂一度星罗棋布。但这些装配式混凝土建筑由于抗震、漏水、透寒等问题没有很好地解决而日渐式微，到 90 年代初期，预制板厂大多已销声匿迹，现浇混凝土结构成为建筑舞台的主角。

进入 21 世纪后，由于建筑质量、劳动力成本和节能减排等原因，中国重新启动了装配式进程，近 10 年来取得了非常大的进展，通过引进国外成熟的技术，自主研发一些具有中国特点的技术，并建造了一些装配式混凝土建筑，积累了宝贵的经验，也得到了一些教训。

图 1-7 是中国第一个在土地出让环节加入装配式建筑要求的商业开发项目，也是中国第一个大规模采用装配式建筑方式建设的商品住宅项目——沈阳万科春河里 17 号楼。

图 1-8 是目前国内应用最为广泛的剪力墙结构高层住宅。

图 1-9 是某大型装配式混凝土结构工业厂房。

图 1-10 是应用于公用建筑外围护结构的清水混凝土外墙挂板。

图 1-7 沈阳万科春河里 17 号楼（中国最早的高预制率框架结构装配式混凝土建筑）

图 1-8 上海浦江保障房（国内应用范围最广泛的剪力墙结构装配式混凝土建筑）

图1-9　应用于大连的某大型装配式混凝土结构工业厂房
（单体建筑面积超 10 万 m²）

图1-10　应用于哈尔滨大剧院的局部清水混凝土外挂墙板
（包含平面板、曲面板和双曲面板等）

1.3　装配整体式混凝土建筑与全装配式混凝土建筑

装配式混凝土建筑根据预制构件连接方式的不同，分为装配整体式混凝土建筑和全装配式混凝土建筑。

1.3.1 装配整体式混凝土建筑

按照行业标准《装配式混凝土结构技术规程》（JGJ 1—2014，以下简称《装规》）和国家标准《装配式混凝土建筑技术标准》（GB/T 51231—2016，以下简称《装标》）的定义，装配整体式混凝土建筑构是指"由预制混凝土构件通过可靠的方式进行连接并与现场后浇混凝土、水泥基灌浆料形成整体的装配式混凝土结构"。简言之，装配整体式混凝土结构的连接以"湿连接"为主要方式（图1-11），详见本章1.5节。

装配整体式混凝土结构具有较好的整体性和抗震性。目前，大多数多层和全部高层装配式混凝土建筑都是装配整体式，有抗震要求的低层装配式建筑也多是装配整体式结构。

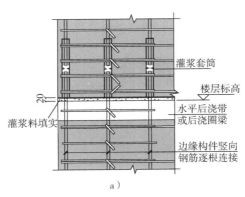

图 1-11　装配整体式建筑的"湿连接"节点图
a）灌浆套筒连接节点图

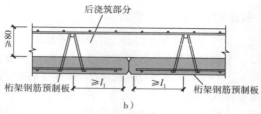

图 1-11　装配整体式建筑的"湿连接"节点图（续）

b) 后浇混凝土连接节点图

1.3.2　全装配式混凝土建筑

全装配式混凝土结构是指预制混凝土构件靠干法连接，即用螺栓连接或焊接形成的装配式建筑。

全装配式混凝土建筑整体性和抗侧向作用的能力较差，不适用于高层建筑。但它具有构件制作简单，安装便利，工期短，成本低等优点。国外许多低层和多层建筑均采用全装配式混凝土结构，见图 1-12。

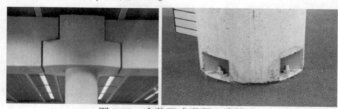

图 1-12　全装配式混凝土建筑

（美国凤凰城图书馆里的"干连接"节点图）

1.4　装配式混凝土建筑结构的体系类型

作为装配式混凝土建筑工程的从业者，应当对装配式混凝土建筑结构体系有大致的了解。

1.4.1　框架结构

框架结构是以柱、梁为主要构件组成的承受竖向和水平作用的结构，选用装配式建筑方案时，其预制构件可包括预制楼梯、预制叠合板、预制柱、预制梁等。此种结构适用于多层和小高层装配式建筑，是应用非常广泛的结构体系之一，见图 1-13 和图 1-14。

图 1-13　框架结构平面示意图　　图 1-14　框架结构立体示意图

1.4.2　框架-剪力墙结构

框架-剪力墙结构是由柱、梁和剪力墙共同承受竖向和水平作用的结构，选用装配式建筑方案时，其预制构件可包括预制楼梯、预制叠合板、预制柱、预制梁等，但其中剪力墙部分一般为现浇。此种结构适用于高层装配式建筑，在国外应用较多，见图 1-15 和图 1-16。

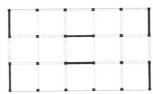

图 1-15　框架-剪力墙结构平面示意图

1.4.3 剪力墙结构

剪力墙结构是由剪力墙组成的承受竖向和水平作用的结构，剪力墙与楼盖一起组成空间体系。选用装配式建筑方案时，其预制构件可包括预制楼梯、预制叠合板、预制剪力墙等。此种结构可用于多层和高层装配式建筑，在国内应用较多，国外高层建筑应用较少，见图1-17和图1-18。

图1-16　框架-剪力墙结构立体示意图

图1-17　剪力墙结构平面示意图

图1-18　剪力墙结构立体示意图

1.4.4 框支剪力墙结构

框支剪力墙结构是剪力墙因建筑要求不能落地，只能直接落在下层框架梁上，再由框架梁将荷载传至框架柱上的结构体系。选用装配式建筑方案时，其预制构件可包括预制楼梯、预制叠合板、预制剪力墙等，但其中下层框架部分一般为现浇。此种结构可用于底部商业（大空间）、上部住宅的建筑，见图1-19和图1-20。

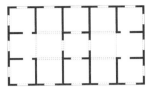

图 1-19　框支剪力墙结构
平面示意图

图 1-20　框支剪力墙
结构立体示意图

1.4.5　筒体结构

筒体结构是将剪力墙或密柱框架集中到房屋的内部和外围而形成的空间封闭式的筒体，根据内部和外围的组合不同，可分为密柱单筒结构（图 1-21 和图 1-22）、密柱双筒结构、密柱 + 剪力墙核心筒结构、束筒结构、稀柱 + 剪力墙核心筒结构等。选用装配式建筑方案时，其预制构件可包括预制楼梯、预制叠合板、预制柱、预制梁等。此种结构适用于高层和超高层装配式建筑，在国外应用较多。

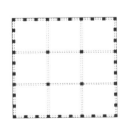

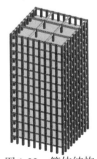

图 1-21　筒体结构
（密柱单筒）平面示意图

图 1-22　筒体结构
（密柱单筒）立体示意图

1.4.6 无梁板结构

无梁板结构是由柱、柱帽和楼板组成的承受竖向与水平作用的结构。选用装配式建筑方案时,其预制构件可包括预制楼梯、预制叠合板、预制柱等。此种结构适用于商场、停车场、图书馆等大空间装配式建筑,见图 1-23 和图 1-24。

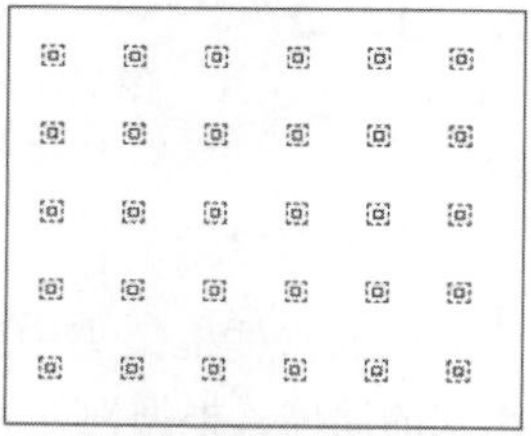

图 1-23 无梁板结构平面示意图

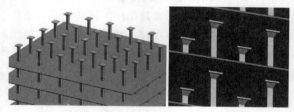

图 1-24 无梁板结构立体示意图

1.4.7 单层厂房结构

单层厂房结构是由钢筋混凝土柱、轨道梁、预应力混凝土屋架或钢结构屋架组成承受竖向和水平作用的结构。选用装配式建筑方案时,其预制构件可包括预制柱、预制轨道梁、预应力屋架等。此种结构适用于工业厂房装配式建筑,见图 1-25 和图 1-26。

图 1-25　单层厂房结构
平面示意图

图 1-26　单层厂房结构
立体示意图

1.4.8　空间薄壁结构

空间薄壁结构是由曲面薄壳组成的承受竖向与水平作用的结构。选用装配式建筑方案时，其预制构件可包括预制楼梯、预制叠合板、预制外围护挂板等。此种结构适用于大型装配式公共建筑，见图 1-27。

图 1-27　空间薄壁结构实例——悉尼歌剧院

1.5　装配式混凝土建筑预制构件

为了使读者对预制构件有一个总体的了解，我们将常用预制构件分为 8 大类，分别是楼板（1.5.1）、剪力墙板（1.5.2）、外挂墙板（1.5.3）、框架墙板（1.5.4）、梁（1.5.5）、柱（1.5.6）、复合预制构件（1.5.7）和其他预制构件（1.5.8）等。这 8 大类中每一个大类又可以区分出若干小类，合计 68 种。

1.5.1 楼板

楼板的类型及样式见图 1-28 ~ 图 1-37。

图 1-28　实心板　　　图 1-29　空心板　　　图 1-30　叠合楼板

 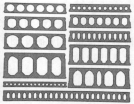

图 1-31　预应力空心板（左：实物；右：截面示意图）

图 1-32　预应力叠合肋板（左：出筋；右：不出筋）

 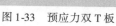 

图 1-33　预应力双 T 板　　　图 1-34　预应力倒槽形板

图 1-35　空间薄壁板

图 1-36　非线性屋面板

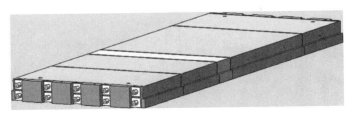

图 1-37　后张法预应力组合板

1.5.2　剪力墙板

剪力墙板的类型及样式见图 1-38 ~ 图 1-47。

图 1-38　剪力墙外墙板

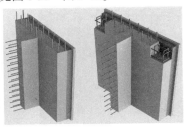

图 1-39　T 形剪力墙板

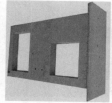

图 1-40　L 形剪力　　图 1-41　U 形剪　　图 1-42　L 形外叶板
墙板　　　　　　　力墙板

图 1-43　双面叠合剪　　图 1-44　预制圆孔　　图 1-45　剪力
力墙板　　　　　　　墙板　　　　　墙内墙板

图 1-46　窗下轻体墙板　　图 1-47　剪力墙夹芯保温板

1.5.3 外挂墙板

外挂墙板的类型及样式见图1-48～图1-52。

图1-48 整间外挂墙板（左：无窗；中：有窗；右：多窗）

图1-49 横向外挂墙板

图1-50 竖向外挂墙板（左：单层；右：多层）

图 1-51 非线性墙板

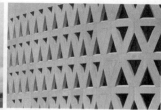
图 1-52 镂空墙板

1.5.4 框架墙板

框架墙板类型及样式见图 1-53 和图 1-54。

图 1-53 暗柱暗梁墙板

图 1-54 暗梁墙板

1.5.5 梁

梁的类型及样式参见图 1-55 ~ 图 1-65。

图 1-55 普通梁

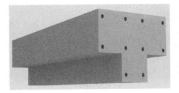

图 1-56　T 形梁

图 1-57　凸形梁

图 1-58　带挑耳梁

图 1-59　叠合梁

图 1-60　带翼缘梁

图 1-61　连梁

图 1-62　U 形梁

图 1-63　叠合莲藕梁

图 1-64　工字形屋面梁

图 1-65　连筋式叠合梁

1.5.6　柱

柱的类型及样式参见图 1-66 ~ 图 1-74。

图 1-66　方柱

图 1-67　L 形扁柱

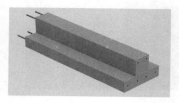

图 1-68　T 形扁柱

图 1-69　带翼缘柱

图 1-70　带柱帽柱

图 1-71　带柱头柱

图 1-72　跨层方柱

图 1-73　跨层圆柱

图 1-74　圆柱

1.5.7 复合预制构件

复合预制构件的类型及样式参见图 1-75 ~ 图 1-81。

图 1-75 莲藕梁

图 1-76 单莲藕梁

图 1-77 双莲藕梁

图 1-78 十字形莲藕梁

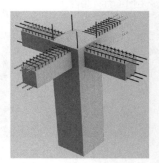

图 1-79 十字形梁 + 柱

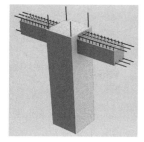

图 1-80　T形柱梁　　　　图 1-81　草字头形梁柱一体构件

1.5.8　其他预制构件

其他预制构件的类型及样式参见图 1-82 ~ 图 1-95。

图 1-82　楼梯板（单跑、双跑）

图 1-83　叠合阳台板　　图 1-84　无梁板柱帽　　1-85　杯形柱基础

图 1-86　全预制阳台板

图 1-87　空调板

图 1-88　带围栏的阳台板

图 1-89　整体飘窗

图 1-90　遮阳板

图 1-91　室内曲面护栏板

图 1-92　轻质内隔墙板

图 1-93　挑檐板

图 1-94　女儿墙板

图 1-95　高层钢结构配套用防屈曲剪力墙板

第2章　装配式混凝土建筑钢筋作业特点

本章介绍装配式混凝土建筑钢筋连接方式（2.1）、装配式混凝土建筑钢筋作业特点（2.2）、预制构件钢筋加工（2.3）及施工现场钢筋加工（2.4）。

2.1　装配式混凝土建筑钢筋连接方式

钢筋连接是装配式混凝土建筑最关键的环节之一，装配式混凝土建筑钢筋连接主要采用灌浆套筒连接、机械连接、焊接、搭接绑扎、浆锚搭接和伸入支座锚固等六种方式。

2.1.1　灌浆套筒连接

灌浆套筒连接是一项比较成熟的钢筋连接技术，常用于装配式混凝土建筑主筋的连接，既可用于竖向（柱、墙板）主筋的连接，见图2-1；也可用于横向（梁）主筋的连接，

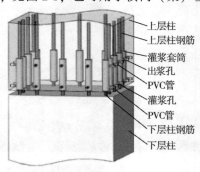

图2-1　柱主筋连接示意图

上层柱
上层柱钢筋
灌浆套筒
出浆孔
PVC管
灌浆孔
PVC管
下层柱钢筋
下层柱

见图2-2。根据连接方式的不同，灌浆套筒连接分为全灌浆套筒连接和半灌浆套筒连接。

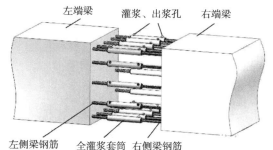

图2-2　横向（梁）主筋连接示意图

1. 全灌浆套筒连接

（1）全灌浆套筒连接原理

全灌浆套筒连接的原理是将需要连接的带肋钢筋插入金属套筒内"对接"，通过在套筒内注入高强、早强且有微膨胀特性的灌浆料拌合物，使灌浆料拌合物凝固后在套筒内壁与钢筋之间形成较大的压力，从而在钢筋带肋的粗糙表面产生较大的摩擦力，由此得以传递钢筋的轴向力，见图2-3和图2-4。

图2-3　全灌浆套筒

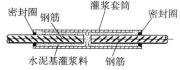

图2-4　全灌浆套筒连接示意图

（2）全灌浆套筒连接注意事项

1）钢筋应插到套筒中心挡片位置，穿入钢筋时不得使用猛力，防止损坏中心挡片。

2）套筒灌浆孔及出浆孔用 PVC 管引出，管口用泡沫棒封堵，防止混凝土浆料进入。

3）钢筋端头要平齐，不得有卷口；建议使用无齿锯下料。

4）插入钢筋时不得损伤两端的密封圈。

2. 半灌浆套筒连接

（1）半灌浆套筒连接原理

半灌浆套筒连接的原理也是钢筋采取对接的方式，将一端需要连接的带肋钢筋端头镦粗后加工成直螺纹或在钢筋端头剥肋后滚轧直螺纹使其与套筒内孔的直螺纹咬合连接，另一端头钢筋直接插入套筒内，在套筒内注入高强、早强且有微膨胀特性的灌浆料拌合物，使灌浆料拌合物凝固后在套筒内壁与钢筋之间形成较大的压力，从而在钢筋带肋的粗糙表面产生较大的摩擦力，由此得以传递钢筋的轴向力，见图 2-5 和图 2-6。

图 2-5　半灌浆套筒

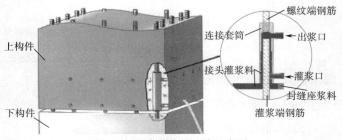

图 2-6　半灌浆套筒连接示意图

（2）半灌浆套筒连接注意事项

1）加工钢筋螺纹连接接头的操作人员应经专业培训合格后上岗。钢筋螺纹连接接头应经工艺检验合格方可批量加工。

2）螺纹连接的钢筋端部应平直，宜用无齿锯下料。

3）螺纹连接端钢筋的螺纹应与套筒上的螺纹相匹配，螺纹长度不得过长或过短，一般以拧紧后外露 1～1.5 个螺距为宜。

4）螺纹连接端应使用扭矩扳手预先拧紧，拧紧力度应符合要求。

2.1.2 机械连接

1. 机械连接的原理和类型

（1）钢筋机械连接是指通过钢筋与连接件的机械咬合作用或钢筋端面的承压作用，将一根钢筋中的力传递至另一根钢筋的连接方法，在装配式混凝土建筑和现浇混凝土建筑中都有广泛的使用。

（2）常用的钢筋机械连接方式有螺纹套筒连接（图2-7）和套筒挤压连接（图2-8）。

图 2-7　螺纹套筒连接　　　　图 2-8　套筒挤压连接

2. 螺纹套筒连接

（1）装配式混凝土建筑中钢筋螺纹套筒连接常用于结构中非主筋的连接。

（2）螺纹套筒连接的主要形式有剥肋滚轧直螺纹连接

（图 2-9）和镦粗直螺纹连接（图 2-10）两种。

图 2-9　剥肋滚轧直螺纹连接　　　图 2-10　镦粗直螺纹连接

（3）剥肋滚轧直螺纹连接和镦粗直螺纹连接的区别在于：剥肋滚轧直螺纹连接因为剥肋导致钢筋接头处的有效截面减小，所以在接头处实际的受力会小于按钢筋理论截面计算的值，而镦粗直螺纹连接在制螺纹前预先对接头部位进行镦粗，所以不会导致接头处有效截面的减小，也不会影响接头处的实际受力。但因为镦粗直螺纹连接工艺较为复杂，所以使用剥肋滚轧直螺纹连接更为普遍。

（4）剥肋滚轧直螺纹连接注意事项

1）加工剥肋滚轧直螺纹连接接头的操作人员应经专业培训合格后上岗。钢筋剥肋滚轧直螺纹连接接头应经工艺检验合格方可批量加工生产。

2）剥肋滚轧直螺纹连接的钢筋端部应平直，宜用无齿锯下料。

3）钢筋端头剥肋长度及厚度应适度，不得过度剥肋。

4）连接端钢筋的螺纹应与机械接头上的螺纹相匹配，螺纹长度不得过长或过短，安装后外露螺纹不宜超过 2P（P 为螺纹的丝扣距）。

5）螺纹制成后，应进行有效的保护，防止受损。

3. 套筒挤压连接

套筒挤压连接详见 12.4 节介绍。

2.1.3 焊接

1. 焊接的原理和类型

（1）焊接连接是采用焊接设备对钢筋骨架或留出筋的搭接部分按要求进行焊接，使对接钢筋连成一个整体，确保其均衡、有效传力的一种钢筋连接方式，是装配式混凝土建筑和现浇混凝土建筑中普遍采用的钢筋连接方式。

（2）装配式混凝土建筑钢筋焊接主要有自动化焊接和人工焊接两种形式。

2. 自动化焊接

（1）钢筋自动化焊接是采用自动化焊接设备对钢筋进行焊接形成网片或骨架，主要用于钢筋网片及桁架筋的加工。

（2）自动化焊接质量有保障、节省人工，但焊接设备价格较贵。

（3）常见的网片筋自动焊接设备和桁架筋自动焊接设备见图 2-11 和图 2-12。

图 2-11　网片筋自动焊接设备　　图 2-12　桁架筋自动焊接设备

（4）自动化焊接注意事项

1）焊接人员应进行培训合格后上岗。

2）焊接的首件应进行检验，检验合格方可批量生产。

3）批量生产时，应定期抽检，发现问题及时调整。

3. 人工焊接

（1）人工焊接是指使用普通的电焊机（图2-13）对钢筋进行焊接，确保钢筋均衡、有效传力的一种钢筋连接方式。

（2）人工焊接主要用于钢筋与钢筋、钢筋与金属埋件之间的连接。

图2-13 电焊机

（3）人工焊接方法大多采用电弧焊。按接头的焊接形式不同电弧焊可分为帮条焊、搭接焊、钢筋与钢板搭接焊、预埋件T形接头电弧焊等。

1）帮条焊

①帮条焊（图2-14）是在待连接的钢筋两侧各增加一段钢筋并与待连接钢筋焊接成一个整体的焊接方式。

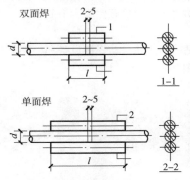

图2-14 钢筋帮条焊示意图

②帮条焊宜采用双面焊，不能进行双面焊时，也可采用单面焊。

③帮条焊使用的帮条长度、等级、规格及焊缝厚度等相关要求，应符合《钢筋焊接及验收规程》（JGJ18）中的相关规定。

2）搭接焊

①搭接焊（图 2-15）是将待连接的两根钢筋端部弯曲一定角度后搭接并焊接成一个整体的方法。

②弯曲钢筋搭接端的目的是确保焊接后两根钢筋的轴心在同一直线上。

③搭接焊宜采用双面焊，不能进行双面焊时，也可采用单面焊，见图 2-16。

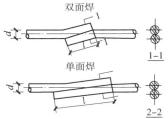

图 2-15　钢筋搭接焊　　　图 2-16　钢筋搭接焊示意图

d—钢筋直筋　l—搭接长度

④搭接焊的搭接长度、焊缝长度及焊缝厚度等相关要求，应符合《钢筋焊接及验收规程》（JGJ18）中的相关规定。

3）钢筋与钢板搭接焊

①钢筋与钢板搭接焊（图 2-17）是在钢板上焊接钢筋以加强钢板在混凝土中的锚固力，多用于预埋钢板。

②钢筋与钢板搭接焊应在钢筋与钢板接触两侧的夹角施焊，焊缝长度、焊缝厚度等相关要求应符合《钢筋焊接及验收规程》（JGJ18）中的相关规定。

4）预埋件 T 形接头电

图 2-17　钢筋与钢板搭接焊

弧焊

①预埋件 T 形接头电弧焊（图
2-18），主要用于加强预埋件在混凝
土中的锚固力。

②预埋件 T 形接头电弧焊常采用
贴角焊和穿孔塞焊的方式进行焊接，
见图 2-19。

图 2-18　预埋件 T 形
接头电弧焊

③预埋件 T 形接
头电弧焊焊接相关要
求应符合《钢筋焊接
及验收规程》（JGJ18）
中的相关规定。

贴角焊　　　　　　穿孔塞焊

2.1.4　搭接绑扎

图 2-19　预埋件 T 形接头电弧焊示意图

（1）搭接绑扎是将对接的两根钢筋重叠规定的长度后用
扎丝绑扎牢固，使之能有效传力的一种方式，是装配式混凝
土建筑和现浇混凝土建筑钢筋制作中较常用的方法。

（2）在装配式混凝土建筑中多用于预制构件的钢筋骨架
加工时网片筋、分布筋、加强筋及辅筋的连接以及现场二次
浇筑部分配筋中钢筋的连接，见图 2-20 和图 2-21。

图 2-20　预制构件的
钢筋搭接绑扎

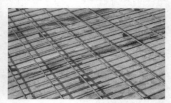

图 2-21　施工现场的
钢筋搭接绑扎

（3）钢筋搭接绑扎时，接头部位、搭接长度、绑扎要求及同一截面接头数量等项目除应符合钢筋绑扎搭接连接规范外，尚应满足《混凝土结构工程质量验收规范》（GB 50204）的相关要求。

2.1.5 浆锚搭接

1. 浆锚搭接的原理和类型

（1）浆锚搭接是在预制构件中预留孔道，将需搭接的钢筋穿入孔道并灌注水泥基灌浆料而实现钢筋搭接连接的一种方式。

（2）浆锚搭接主要有采用内模成孔插筋后灌浆的间接搭接连接和金属波纹管浆锚搭接连接两种方式，见图2-22和图2-23。

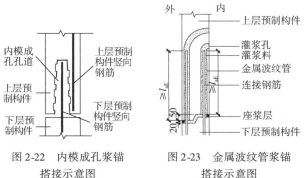

图 2-22　内模成孔浆锚
搭接示意图

图 2-23　金属波纹管浆锚
搭接示意图

（3）钢筋采用浆锚搭接时，搭接长度、孔道直径、灌浆料性能等均应符合相关规范的要求。

2.1.6 伸入支座锚固

（1）伸入支座锚固是将预制构件的伸出钢筋伸入后浇部

分的支座内，通过后浇混凝土与预制构件伸出钢筋的握裹作用，使两端的钢筋连接成一个整体的方法。

（2）伸入支座锚固的方法在装配式混凝土建筑和现浇建筑中的应用都比较普遍，常见的方式有直接伸入支座锚固、采用锚固头或锚固板锚固、钢筋弯折锚固三种方式。

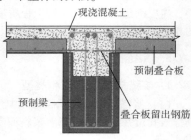

图2-24　直接伸入支座锚固示意图

（3）直接伸入支座锚固的方式一般多用于叠合楼板伸出钢筋与梁的连接，见图2-24；采用锚固头或锚固板的方式多用于梁端伸出主筋与柱的连接，见图2-25；钢筋弯折锚固既可用于梁端伸出主筋与柱的连接，也可用于其他部位钢筋的连接，见图2-26。

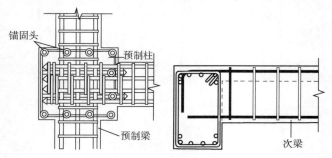

图2-25　锚固头锚固示意图　　图2-26　钢筋弯折锚固示意图

2.2　装配式混凝土建筑钢筋作业特点

装配式混凝土建筑与传统现浇建筑的作业流程和方法有

所不同，钢筋作业也有明显的差异，主要有以下特点：

（1）钢筋作业重心由现场施工转向工厂施工

装配式混凝土建筑是将建筑结构进行拆分后将大部分预制构件在工厂预制好再运到施工现场进行安装和节点连接，使之成为一个整体建筑。由此，大部分钢筋作业转到了工厂内，图2-27、图2-28分别为工厂与现场钢筋作业实景照片。

图 2-27　工厂内的钢筋骨架

图 2-28　施工现场楼面钢筋施工

（2）施工现场的钢筋作业由现场制作变成现场连接

因为施工方式由现场施工变成了现场安装，导致施工现场减少了绝大部分的钢筋作业，现场钢筋的主要作业是构件之间的钢筋连接、节点钢筋连接以及少量的楼面钢筋施工，见图2-29～图2-31。

图 2-29　柱现场连接

图 2-30　梁现场连接　　　　　　图 2-31　墙现场连接

（3）钢筋连接质量成为质量控制的重点

预制构件都是在工厂内生产，质量能够得到保证，所以现场的安装质量就成为了装配式混凝土建筑质量的关键，而现场安装质量中最主要、最关键的钢筋的连接质量也就成为了质量控制的重点，见图2-32～图 2-34。

图 2-32　灌浆套筒连接

图 2-33　钢筋绑扎连接　　　　图 2-34　钢筋机械连接

（4）钢筋自动化加工程度高

预制构件的钢筋在工厂内加工，采用自动化设备能实现批量的、自动化的加工，与在现场加工钢筋相比能极大地提高钢筋加工的效率。

（5）钢筋加工的精细化程度大大提高

大部分预制构件钢筋的加工是在工厂内采用自动化或半自动化设备完成的，钢筋加工的精度可达到毫米级别，比现场加工有了极大地提高。

（6）钢筋作业与模板的关联程度高

为了保证整个建筑物的整体性，大部分预制构件都会在侧边伸出钢筋，这就需要在模板上对应部位开孔或槽，这在现浇混凝土建筑中通常是不存在的。

（7）对精度要求高，钢筋伸出长度和位置允许偏差很小

预制构件在现场安装，下层构件的伸出钢筋要与上层预制构件的套筒或预留的盲孔等进行连接，这就要求伸出钢筋的长度和位置有较高的精度，这样才能保证有效、可靠的连接。

（8）对遗漏和偏差的宽容度很低

预制构件中的各类预埋物或伸出钢筋，都有特定的作用，一旦遗漏或位置产生偏差，都将给现场安装带来不便或影响构件的连接质量，甚至造成预制构件的报废。

（9）预埋件和预埋物的干扰

预制构件中的各类预埋件和预埋物，在一定程度上会影响钢筋的安装，钢筋需要按设计和规范要求进行合理的避让。

（10）保护层厚度要求严格

为确保预制构件耐久性能达到设计要求，在工厂生产过程中对于钢筋保护层厚度的要求极其严格。

（11）钢筋在安装上的碰撞与干扰

预制构件在现场安装时，因伸出钢筋位置偏差或与现场

预留的钢筋位置发生冲突等，都可能造成碰撞与干扰，影响施工。

2.3 预制构件钢筋加工

钢筋加工是预制构件生产的关键工序。本节介绍预制构件钢筋加工的相关内容，主要包括可自动化加工的钢筋范围、手动加工钢筋的范围、伸出钢筋与模板的关系、套筒、预埋件、预埋物与钢筋的关系四个部分。

2.3.1 可自动化加工的钢筋范围

用于预制构件的钢筋都可以使用自动化设备进行加工，原则上能加工的钢筋规格越大，设备的使用成本（价格及使用费用）越高。实际使用中，从成本考虑出发，往往会对自动化加工设备有选择性的购置，以获得最佳的经济效益，一般网片筋、桁架筋、箍筋等多采用自动化加工（加工设备见本书第4章）。

2.3.2 手动加工的钢筋范围

（1）手动加工钢筋是将钢筋调直、剪断、成型等环节通过独立的加工设备分别完成后，再通过人工绑扎或焊接成钢筋骨架的方法。

（2）手动加工钢筋适合所有预制构件钢筋的加工作业，对钢筋的直径、规格、形状没有限制，是目前最普遍、最常用的钢筋加工方法。

2.3.3 伸出钢筋与模板的关系

为了保证预制构件与现场后浇混凝土的连接性能，目前国内大部分预制构件侧面或端面都会有钢筋伸出，一般常称之为"伸出钢筋"。伸出钢筋需要在模板上开孔或槽才能伸出，见图2-35。这就势必会给模板带来不利的影响。伸出钢筋与模板的关系主要表现在：

（1）因为伸出钢筋的存在，需要在模板上开孔或槽，增加了模板的加工难度和加工时间，见图2-36。

（2）为方便钢筋伸出，模板上开了较多孔或槽，降低了模板的刚度和强度，见图2-36。

图2-35　从模板伸出的钢筋

（3）有伸出钢筋的预制构件，安装模板时需要将钢筋穿过模板上预留的孔或槽，这就会增加模板的安装难度，在同一块模板上伸出钢筋数量较多时安装难度更大。为了减轻伸出钢筋给模板带来的安装难度，一般常将孔或槽开得稍大，但这又会造成孔或槽部位漏浆，从而又增加了模板的拆卸难度，见图2-37。

图2-36　成排开槽的模板

图2-37　漏浆导致模板拆卸困难

（4）模板对伸出钢筋的位置起到辅助定位的作用，因为伸出钢筋从模板上预留的部位伸出，这就将伸出钢筋的可移动范围限制在一个较小的空间，特别是当伸出钢筋从预留孔穿出时更是如此。

2.3.4 套筒、预埋件、预埋物与钢筋的关系

套筒、预埋件、预埋物和钢筋都是装配式预制构件的重要组成部分，它们既相互独立又相互制约。

1. 套筒与钢筋的关系

现阶段国内的装配式建筑钢筋连接的主要方式之一就是套筒灌浆连接，灌浆套筒是钢筋必不可少的连接件，它能够确保结构主筋的连接性能满足要求。但因为灌浆套筒本身直径、体积较大，外表较光滑，且外壁混凝土保护层一般较薄，使其很容易从混凝土中掰裂，所以常在灌浆套筒外围加密箍筋，起到保护作用，这就导致该部位的钢筋作业难度加大。

2. 预埋件、预埋物与钢筋的关系

预埋件、预埋物本身与钢筋无关，但当埋入混凝土时，为了保证其与预制构件整体的连接性能，往往使用加强筋或其他连接物件将它们与钢筋相连以分散所受的力。同时，因为预埋件、预埋物的埋入，可能会迫使钢筋移位、弯折或截断，给钢筋加工与安装带来困难。

2.4 施工现场钢筋加工

装配式混凝土建筑施工现场的钢筋作业比现浇混凝土建筑增加了伸出钢筋的矫正、钢筋的连接、配送钢筋的就位绑扎等作业环节。

1. 伸出钢筋的矫正

预制构件伸出钢筋如果因运输、吊装不慎造成弯折、扭

曲等，施工现场在预制构件就位前或钢筋连接前应对发生偏差的钢筋进行矫正，以确保伸出钢筋能进行有效地连接。

2. 钢筋连接

施工现场常用的钢筋连接方式包括套筒灌浆连接、机械连接、绑扎连接、焊接等，见图2-38和图2-39。

梁主筋套筒连接

梁主筋机械连接

图2-38　施工现场套筒连接　　　图2-39　施工现场机械连接

3. 配送钢筋的就位绑扎

对于梁、柱等预制构件，预制构件工厂一般会配齐预制构件伸出钢筋部位应配置的箍筋，对于叠合梁，还会配置梁上现浇部分的钢筋。当这些预制构件安装后，施工现场只要将所配的钢筋就位后进行绑扎即可，见图2-40。

图2-40　预制叠合梁所配的箍筋和上层筋

4. 楼面钢筋的绑扎

叠合楼板上部叠合层的钢筋应在现场进行安装，所用的钢筋在现场加工制作，见图 2-41 和图 2-42。

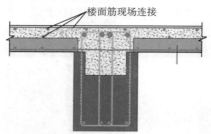

图 2-41　楼面钢筋现场安装示意图

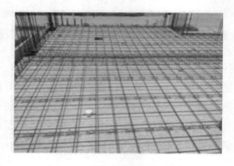

图 2-42　楼面钢筋现场安装

第3章 钢筋、套筒、预埋件等材料简介

装配式混凝土结构使用的材料除了一些专用材料外大多与现浇混凝土结构一样。本章介绍钢筋（3.1）、灌浆套筒（3.2）、金属波纹管及螺纹盲孔材料（3.3）、机械套筒（3.4）、预制夹芯保温板拉结件（3.5）、钢筋间隔件（3.6）、内埋式螺母（3.7）、内埋式吊钉（3.8）。

3.1 钢筋

钢筋在装配式混凝土预制构件中除了结构设计配筋外，还用于制作浆锚连接的螺旋加强筋、预制构件脱模或安装用的吊环、预埋件或内埋式螺母底部的加强筋等。

（1）行业标准《装规》规定："普通钢筋采用套筒灌浆连接和浆锚搭接连接时，钢筋应采用热轧带肋钢筋。"

（2）在装配式混凝土结构设计时，考虑到连接套筒、浆锚螺旋筋、钢筋连接和预埋件相对现浇结构更"拥挤"，宜选用大直径高强度钢筋，以减少钢筋根数，避免间距过小对混凝土浇筑的不利影响。

（3）钢筋的力学性能指标应符合现行国家标准《混规》的规定。

（4）钢筋焊接网应符合现行行业标准《钢筋焊接网混凝土结构技术规程》JGJ 114—2014 的规定。

（5）在预应力预制构件中会用到预应力钢丝、钢绞线和预应力螺纹钢筋等，其中以预应力钢绞线最为常用。预应力钢绞线应符合《混规》中的相应要求和指标。

（6）当预制构件的吊环用钢筋制作时，按照行业标准《装

规》的要求，"应采用未经冷加工的 HPB300 级钢筋制作"。

（7）国家行业标准对钢筋强度等级没有要求，辽宁地方标准《装配式混凝土结构设计规程》DB21/T 2572—2016 中钢筋宜用 HPB300、HRB335、HRB400、HRB500、HRBF335、HRBF400、HRBF500 级热轧钢筋。预应力筋宜采用预应力钢丝、钢绞线和预应力钢筋。

（8）预制构件不能使用冷拔钢筋。当用冷拉办法调直钢筋时，必须控制冷拉率，光圆钢筋冷拉率应小于 4%，带肋钢筋冷拉率应小于 1%。

3.2　灌浆套筒

钢筋套筒灌浆连接技术是《装规》推荐的主要的接头连接方式，是形成各种装配整体式混凝土结构的重要基础。钢筋套筒灌浆连接在发达国家积累了很多成熟的经验，日本 200 多米的超高层装配式混凝土建筑北浜大厦采用的就是钢筋套筒灌浆连接，经受住了大地震的考验，是可靠的连接方式。

1. 灌浆套筒构造

（1）灌浆套筒构造包括筒壁、剪力槽、灌浆口、出浆口及钢筋限位挡块等。

（2）行业标准《钢筋连接用灌浆套筒》JG/T 398—2012 给出了灌浆套筒的构造，见图 3-1。

2. 灌浆套筒材质

（1）灌浆套筒材质有碳素结构钢、合金结构钢和球墨铸铁。

（2）碳素结构钢和合金结构钢套筒采用机械加工工艺制造；球墨铸铁套筒采用铸造工艺制造。

（3）我国目前应用的套筒既有机械加工制作的碳素结构

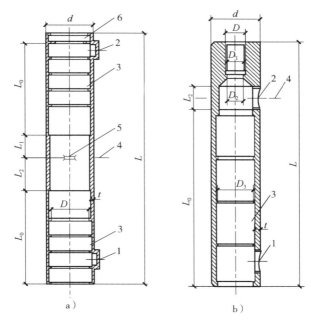

图 3-1　灌浆套筒构造图

a）全灌浆套筒　b）半灌浆套筒

说明：1—灌浆孔　2—出浆孔　3—剪力槽　4—强度验算用截面
5—钢筋限位挡块　6—安装密封垫的结构

尺寸：L—灌浆套筒总长　L_0—锚固长度　L_1—预制端预留钢筋安装
调整长度　L_2—现场装配端预留钢筋安装调整长度　t—灌浆套筒壁厚
d—灌浆套筒外径　D—内螺纹的公称直径　D_1—内螺纹的基本小径
D_2—半灌浆套筒螺纹端与灌浆端连接处的通孔直径　D_3—灌浆套筒
锚固段环形突起部分的内径

注：D_3 不包括灌浆孔、排浆孔外侧因导向、定位等其他目的而设
置的比锚固段环形突起内径偏小的尺寸。D_3 可以为非等截面。

钢或合金结构钢套筒，也有铸造工艺制作的球墨套筒。日本用的灌浆套筒材质为球墨铸铁，大都由中国工厂制造。

（4）《钢筋连接用灌浆套筒》JG/T 398—2012 给出了球墨铸铁和各类钢灌浆套筒的材料性能，见表 3-1 和表 3-2。

表 3-1　球墨铸铁灌浆套筒的材料性能

项目	性能指标
抗拉强度 σ_b/MPa	≥550
断后伸长率 δ_s（%）	≥5
球化率（%）	≥85
硬度/HBW	180~250

表 3-2　各类钢灌浆套筒的材料性能

项目	性能指标
屈服强度 σ_s/MPa	≥355
抗拉强度 σ_b/MPa	≥600
断后伸长率 δ_s（%）	≥16

3. 灌浆套筒尺寸偏差要求

《钢筋连接用灌浆套筒》JG/T 398—2012 给出灌浆套筒的尺寸偏差见表 3-3。

表 3-3　灌浆套筒尺寸偏差表

序号	项目	灌浆套筒尺寸偏差					
		铸造灌浆套筒			机械加工灌浆套筒		
		12~20	22~32	36~40	12~20	22~32	36~40
1	钢筋直径/mm	12~20	22~32	36~40	12~20	22~32	36~40
2	外径允许偏差/mm	±0.8	±1.0	±1.5	±0.6	±0.8	±0.8
3	壁厚允许偏差/mm	±0.8	±1.0	±1.2	±0.5	±0.6	±0.8
4	长度允许偏差/mm	±（0.01×L）			±2.0		

序号	项目	灌浆套筒尺寸偏差	
		铸造灌浆套筒	机械加工灌浆套筒
5	锚固段环形凸起部分的内径允许偏差/mm	±1.5	±1.0
6	锚固段环形凸起部分的内径最小尺寸与钢筋公称直径差值/mm	≥10	≥10
7	直螺纹精度	—	GB/T 197 中 6H 级

4. 结构设计需要的灌浆套筒尺寸

（1）在预制构件结构设计时，需要知道对应各种直径的钢筋的灌浆套筒的外径，以确定受力钢筋在预制构件断面中的位置，计算和配筋等；还需要知道套筒的总长度和钢筋的插入长度，以确定下部构件的伸出钢筋长度和上部构件受力钢筋的长度。

（2）半灌浆套筒异径连接时要注意钢筋之间级差的控制，确保套筒灌浆段最小内径与连接钢筋直径差最小值满足《钢筋连接用灌浆套筒》JG/T 398—2012 的规定。

（3）目前国内灌浆套筒生产厂家主要有北京建茂（合金结构钢）、上海住总（球墨铸铁）、深圳市现代营造（球墨铸铁）、深圳盈创（球墨铸铁）、建研科技股份有限公司（合金结构钢）、中建机械（无缝钢管加工），上海利物宝（球墨铸铁全灌浆套筒）等。

（4）表 3-4 ～ 表 3-6 和图 3-2 ～ 图 3-5 给出了北京思达建茂公司半灌浆套筒和全灌浆套筒与钢筋对应尺寸表。

表 3-4 JM 钢筋半灌浆连接套筒主要技术参数

套筒型号	螺纹端连接钢筋直径 d_1/mm	灌浆端连接钢筋直径 d_2/mm	套筒外径 d/mm	套筒长度 L/mm	套筒端钢筋插入口孔径 d_3/mm	灌浆孔位置 a/mm	出浆孔位置 b/mm	灌浆端连接钢筋插入深度 L_1/mm	内螺纹公称直径 D/mm	内螺纹纹距 P/mm	内螺纹牙型角 度	内螺纹孔深度 L_2/mm	螺纹端与灌浆端通孔直径 /mm
GT12	$\phi12$	$\phi12,\phi10$	$\phi32$	140	$\phi23\pm0.2$	30	104	96-111	M12.5	2.0	75°	19.5	≤$\phi8.8$
GT14	$\phi14$	$\phi14,\phi12$	$\phi34$	156	$\phi25\pm0.2$	30	119	112-127	M14.5	2.0	60°	20	≤$\phi10.5$
GT16	$\phi16$	$\phi16,\phi14$	$\phi38$	174	$\phi28.5\pm0.2$	30	134	128-143	M16.5	2.0	60°	22	≤$\phi12.5$
GT18	$\phi18$	$\phi18,\phi16$	$\phi40$	193	$\phi30.5\pm0.2$	30	151	144-159	M18.7	2.5	60°	25.5	≤$\phi15$
GT20	$\phi20$	$\phi20,\phi18$	$\phi42$	211	$\phi32.5\pm0.2$	40	166	160-175	M20.7	2.5	60°	28	≤$\phi17$
GT22	$\phi22$	$\phi22,\phi20$	$\phi45$	230	$\phi35\pm0.2$	40	181	176-191	M22.7	2.5	60°	30.5	≤$\phi19$
GT25	$\phi25$	$\phi25,\phi22$	$\phi50$	256	$\phi38.5\pm0.2$	40	205	200-215	M25.7	3.0	60°	33	≤$\phi22$
GT28	$\phi28$	$\phi28,\phi25$	$\phi56$	292	$\phi46\pm0.2$	40	234	224-244	M28.9	3.0	60°	38.5	≤$\phi23$
GT32	$\phi32$	$\phi32,\phi28$	$\phi63$	330	$\phi50\pm0.2$	40	266	256-276	M32.7	3.0	60°	44	≤$\phi26$
GT36	$\phi36$	$\phi36,\phi32$	$\phi73$	387	$\phi56\pm0.2$	40	316	306-326	M36.5	3.0	60°	51.5	≤$\phi30$

（续）

套筒型号	螺纹端连接钢筋直径 d_1/mm	灌浆端连接钢筋直径 d_2/mm	套筒外径 d/mm	套筒长度 L/mm	套筒端钢筋插入口孔径 d_3/mm	灌浆孔位置 a/mm	出浆孔位置 b/mm	灌浆端连接钢筋插入深度 L_1/mm	内螺纹公称直径 D/mm	内螺纹螺距 P/mm	内螺纹牙型角 度	内螺纹深度 L_2/mm	螺纹端与灌浆端通孔直径 /mm
GT40	φ40	φ40,φ36	φ80	426	φ60±0.2	40	350	340~360	M40.2	3.0	60°	56	≤φ34
GT14 /12	φ12	φ14,φ12	φ34	156	φ25±0.2	30	119	112~127	M12.5	2.0	75°	19	≤φ8.8
GT16 /14	φ14	φ16,φ14	φ38	174	φ28.5±0.2	30	134	128~143	M14.5	2.0	60°	20	≤φ10.5
GT18 /16	φ16	φ18,φ16	φ40	193	φ30.5±0.2	30	151	144~159	M16.5	2.0	60°	22	≤φ12.5
GT20 /18	φ18	φ20,φ18	φ42	211	φ32.5±0.2	40	166	160~175	M18.7	2.5	60°	25.5	≤φ15
GT22 /20	φ20	φ22,φ20	φ45	230	φ35±0.2	40	181	176~191	M20.7	2.5	60°	28	≤φ17

（续）

套筒型号	螺纹端连接钢筋直径 d_1/mm	灌浆端连接钢筋直径 d_2/mm	套筒外径 d/mm	套筒长度 L/mm	套筒端钢筋插入口孔径 d_3/mm	灌浆孔位置 a/mm	出浆孔位置 b/mm	灌浆端钢筋插接入深度 L_1/mm	内螺纹公称直径 D/mm	内螺纹螺距 P/mm	内螺纹牙型角度	内螺纹孔深度 L_2/mm	螺纹端与灌浆端通孔直径 /mm
GT25/22	φ22	φ25, φ22	φ50	256	φ38.5±0.2	40	205	200~215	M22.7	2.5	60°	30.5	≤φ19
GT28/25	φ25	φ28, φ25	φ56	292	φ46±0.2	40	234	224~244	M25.7	2.5	60°	33	≤φ22
GT32/28	φ28	φ32, φ28	φ63	330	φ50±0.2	40	266	256~276	M28.9	3.0	60°	38.5	≤φ23
GT36/32	φ32	φ36, φ32	φ73	387	φ56±0.2	40	316	306~326	M32.7	3.0	60°	44	≤φ26
GT40/36	φ36	φ40, φ36	φ80	426	φ60±0.2	40	350	340~360	M36.5	3.0	60°	51.5	≤φ30

表 3-5　JM 钢筋全灌浆连接套筒技术参数

套筒类别	套筒型号	连接钢筋直径 d_1/mm	可连接其他规格钢筋直径/mm	套筒外径 d/mm	套筒长度 L/mm	灌浆端口孔径 D/mm	灌浆孔位置 a/mm	灌浆孔位置 b/mm	现场施工钢筋插入深度 L_1/mm	工厂安装钢筋插入深度 L_2/mm
梁用套筒	GT16H	$\phi16$	$\phi12,\phi14$	$\phi38$	256	$\phi28.5\pm0.2$	30	226	113~128	—
	GT18H	$\phi18$	$\phi14,\phi16$	$\phi40$	288	$\phi30.5\pm0.2$	30	258	129~144	—
	GT20H	$\phi20$	$\phi16,\phi18$	$\phi42$	320	$\phi32.5\pm0.2$	30	290	145~160	—
	GT22H	$\phi22$	$\phi18,\phi20$	$\phi45$	352	$\phi35\pm0.2$	30	322	161~176	—
	GT25H	$\phi25$	$\phi20,\phi22$	$\phi50$	400	$\phi38.5\pm0.2$	30	370	185~200	—
	GT28H	$\phi28$	$\phi22,\phi25$	$\phi56$	448	$\phi43\pm0.2$	30	418	209~224	—
	GT32H	$\phi32$	$\phi25,\phi28$	$\phi63$	512	$\phi48\pm0.2$	30	482	241~256	—
	GT36H	$\phi36$	$\phi28,\phi32$	$\phi73$	612	$\phi53\pm0.2$	30	582	291~306	—
	GT40H	$\phi40$	$\phi32,\phi36$	$\phi80$	680	$\phi58\pm0.2$	30	650	325~340	—

套筒类别	套筒型号	连接钢筋直径 d_1/mm	可连接其他规格钢筋直径/mm	套筒外径 d/mm	套筒长度 L/mm	灌浆端口孔径 D/mm	灌浆孔位置 a/mm	灌浆孔位置 b/mm	现场施工钢筋插入深度 L_1/mm	工厂安装钢筋插入深度 L_2/mm
柱、墙用套筒	GT12V	φ12	φ10	φ32	215	φ23±0.2	30	197	96~116	88~93
	GT14V	φ14	φ12	φ34	245	φ25±0.2	30	227	112~132	102~107
	GT16V	φ16	φ14	φ38	275	φ28.5±0.2	30	257	128~148	116~121
	GT18V	φ18	φ16	φ40	305	φ30.5±0.2	30	287	144~164	130~135
	GT20V	φ20	φ18	φ42	335	φ32.5±0.2	40	317	160~180	144~149
	GT22V	φ22	φ20	φ45	365	φ35±0.2	40	347	176~196	158~163
	GT25V	φ25	φ22	φ55	430	φ40±0.2	40	412	200~220	199~204
	GT28V	φ28	φ25	φ58	470	φ46±0.2	40	452	216~241	216~221
	GT32V	φ32	φ28	φ63	530	φ50±0.2	40	512	246~271	246~251
	GT36V	φ36	φ32	φ73	635	φ56±0.2	40	617	298~323	299~304
	GT40V	φ40	φ36	φ80	700	φ60±0.2	40	682	331~356	331~336

表3-6 JM钢筋梁用组合式钢筋全灌浆套筒主要技术参数

套筒型号	套筒型号	连接钢筋直径 d_1/mm	套筒总长度 L/mm	粗端外径 d/mm	粗端内径 D/mm	粗端长度 L_c/mm	细端外径 d_s/mm	细端内径 D_s/mm	细端长度 L_s/mm	现场施工钢筋插入深度 L_1/mm	螺纹连接长度 /mm	灌浆孔位置 a/mm
组合式梁用套筒	GT16C	φ16	256	42	31.5	153	38	26	128	113～128	25	30
	GT18C	φ18	288	45	33.5	171	40	28	144	129～144	27	30
	GT20C	φ20	320	48	36	189	42.5	30	160	160～175	29	30
	GT22C	φ22	352	52	38	207	45	32	176	161～176	31	30
	GT25C	φ25	400	58	43	234	50	35	200	185～200	34	30
	GT28C	φ28	448	63	48	264	55	40	224	209～224	40	30
	GT32C	φ32	512	73	55	300	63	45	256	241～256	44	30

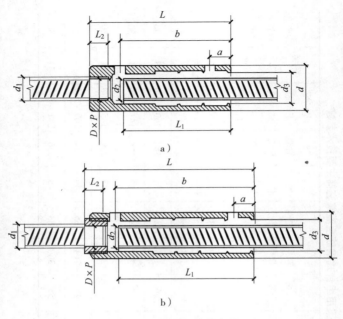

a)

b)

图 3-2　JM 钢筋半灌浆套筒

a) 一体式　b) 组合式

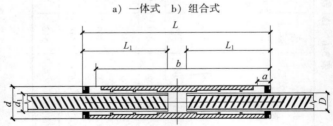

图 3-3　JM 钢筋梁用全灌浆套筒

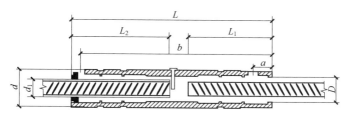

图 3-4 JM 钢筋柱、墙用全灌浆套筒

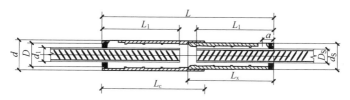

图 3-5 JM 钢筋梁用组合式钢筋全灌浆套筒

（5）图 3-6 和表 3-7 给出了深圳市现代营造科技有限公司半灌浆套筒与连接钢筋对应尺寸表。

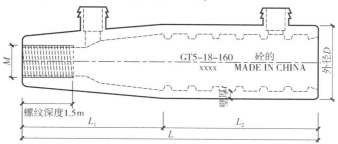

图 3-6 半灌浆套筒尺寸示意图

表 3-7 半灌浆套筒尺寸表

| 规格型号 | 尺寸参数 /mm | | | | | | 筒壁参数 /mm | | 适用钢筋规格 |
	L	L_1	L_2	D	M	D_0	壁厚 t /mm	凸起 h /mm	400MPa
GT4-12-130	130	49	81	36	12	22	4	3	12
GT4-14-140	140	59	81	38	14	24	4	3	14
GT4-16-150	150	54	96	40	16	26	4	3	16
GT4-18-160	160	64	96	42	18	28	4	3	18
GT4-20-190	190	64	126	44	20	30	4	3	20
GT4-22-195	195	69	126	48	22	32	5	3	22
GT4-25-215	215	74	141	51	25	35	5	3	25
GT4-28-250	250	79	171	54	28	38	5	3	28
GT4-32-270	270	84	186	60	32	42	6	3	32
GT4-36-310	310	94	216	66	36	46	7	3	36
GT4-40-330	330	99	231	72	40	50	8	3	40
螺纹长为 1.5 倍直径	灌浆孔凸出套筒 10mm						内壁凸起环数多于 6 环		

（6）图 3-7 和表 3-8、表 3-9 给出了上海利物宝建筑科技有限公司全灌浆套筒与连接钢筋对应尺寸表。

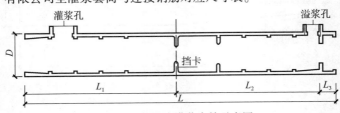

图 3-7 利物宝全灌浆套筒示意图

表 3-8　利物宝全灌浆套筒规格及主要尺寸一览表

型号	连接钢筋公称直径 /mm	主要尺寸/mm				
		L_1	L_2	L_3	L	D
GTZQ4 12	12	120	110	20	250	44
GTZQ4 14	14	135	125	20	280	46
GTZQ4 16	16	150	140	20	310	48
GTZQ4 18	18	170	160	20	350	50
GTZQ4 20	20	180	170	20	370	52
GTZQ4 22	22	200	190	20	410	54
GTZQ4 25	25	220	210	20	450	58
GTZQ4 28	28	250	235	20	505	62
GTZQ4 32	32	280	270	20	570	66
GTZQ4 36	36	310	300	20	630	74
GTZQ4 40	40	345	335	20	700	82

表 3-9　连接钢筋进入利物宝全灌浆套筒深度一览

套筒型号	预制端（溢浆孔端）钢筋进入套筒长度 /mm	安装端（灌浆孔端）钢筋进入套筒长度 /mm	套筒内钢筋有效锚固长度 /mm
GTZQ4 12	$L_4 = 116$ （ +10）	$L_5 = 96$ （ +20）	$\geqslant 8d = 96$
GTZQ4 14	$L_4 = 132$ （ +10）	$L_5 = 112$ （ +20）	$\geqslant 8d = 112$
GTZQ4 16	$L_4 = 148$ （ +10）	$L_5 = 128$ （ +20）	$\geqslant 8d = 128$
GTZQ4 18	$L_4 = 164$ （ +10）	$L_5 = 144$ （ +20）	$\geqslant 8d = 144$
GTZQ4 20	$L_4 = 180$ （ +10）	$L_5 = 160$ （ +20）	$\geqslant 8d = 160$
GTZQ4 22	$L_4 = 196$ （ +10）	$L_5 = 176$ （ +20）	$\geqslant 8d = 176$

套筒型号	预制端（溢浆孔端）钢筋进入套筒长度/mm	安装端（灌浆孔端）钢筋进入套筒长度/mm	套筒内钢筋有效锚固长度/mm
GTZQ4 25	$L_4 = 220$（+10）	$L_5 = 200$（+20）	$\geq 8d = 200$
GTZQ4 28	$L_4 = 244$（+10）	$L_5 = 224$（+20）	$\geq 8d = 224$
GTZQ4 32	$L_4 = 276$（+10）	$L_5 = 256$（+20）	$\geq 8d = 256$
GTZQ4 36	$L_4 = 308$（+10）	$L_5 = 288$（+20）	$\geq 8d = 288$
GTZQ4 40	$L_4 = 340$（+10）	$L_5 = 320$（+20）	$\geq 8d = 320$

（7）图 3-8 和表 3-10 给出了日本全灌浆套筒与连接钢筋的对应尺寸表。

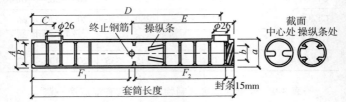

图 3-8　日本全灌浆套筒细部尺寸图

5. 如何选择半灌浆套筒和全灌浆套筒

全灌浆套筒是两端均采用灌浆连接方式的套筒，半灌浆套筒是一端采用灌浆连接方式，另一端通常采用螺纹连接方式的套筒。

预制剪力墙构件、预制框架柱等竖向结构构件的纵筋连接，可以选用半灌浆套筒连接，也可以选择全灌浆套筒连接。相同直径规格的全灌浆套筒与半灌浆套筒相比，以 GT20 与 GT20V 为例，全灌浆套筒的灌浆料使用量要多 65% 左右。

表3-10 日本全灌浆套筒与连接钢筋对应尺寸表

套筒型号	钢筋直径(JIS)	套筒长度	套筒直径/mm 外径 A	内径 宽头 B	内径 窄头 b	入口位置 C /mm	出口位置 D /mm	限位挡 E /mm	钢筋锚固/mm 宽头 F₁	钢筋锚固/mm 窄头 F₂	耗浆量(个/袋)(25kg)
5UX(SA)	$D16$	245	45	32	22	47	218	115	90~120	105~115	48
6UX(SA)	$D19\times(D16)$	285	49	36	25	47	258	135	110~140	125~135	34
7UX(SA)	$D22\times(D16\sim D19)$	325	53	40	29	47	298	155	130~160	145~155	26
8UX(SA)	$D25\times(D19\sim D22)$	370	58	44	31	47	343	175	150~185	165~175	20
9UX(SA)	$D29\times(D22\sim D25)$	415	63	48	35	47	388	200	175~205	190~200	16
10UX(SA)	$D32\times(D25\sim D29)$	455	66	51	39	47	428	220	195~225	210~220	14
11UX(SA)	$D35\times(D29\sim D32)$	495	71	55	44	47	468	240	215~245	230~240	12
12UX(SA)	$D38\times(D32\sim D35)$	535	77	59	47	47	508	260	235~265	250~260	10
13/14UX(SA)	$D41\times(D35\sim D38)$	620	82	62	51	47	593	300	275~310	290~300	7
5-NX	$D16$	225	45	32	22	47	198	105	80~110	95~105	51
6-NX	$D19\times(D16)$	255	49	36	26	47	228	120	95~125	110~120	40
7-NX	$D22*(D16\sim D19)$	285	58	44	29	47	258	135	110~140	125~135	24

63

水平预制梁的梁梁钢筋连接如果采用套筒灌浆连接，应采用全灌浆套筒连接。套筒先套在一根钢筋上，与另一钢筋对接就位后，套筒移到两根连接钢筋中间，且两端伸入均达到锚固长度所需的标记位置后进行灌浆连接。水平预制梁的梁梁钢筋连接在设计时，在现浇连接区应留有足够的套筒滑移空间，至少确保套筒能够滑移到与一侧的出筋长度齐平，安装时才不会碰撞。施工安装时应控制两根连接钢筋的轴线偏差不大于5mm。

3.3 金属波纹管及螺纹盲孔材料

金属波纹管可以用在受力结构构件的浆锚搭接连接上，也可以当作非受力填充墙预制构件限位连接筋的预成孔模具使用（不能脱出）。可以脱出重复使用的内置灌浆螺纹盲孔模具目前在上海应用比较普遍，主要用在非受力填充墙预制构件限位筋的连接上。

1. 金属波纹管

金属波纹管是浆锚搭接连接方式用的材料，预埋于预制构件中，形成浆锚孔内壁，见图3-9。直径大于20mm的钢

图 3-9 预埋在预制构件中的金属波纹管

筋连接不宜采用金属波纹管浆锚搭接连接，直接承受动力荷载的构件纵向钢筋连接不应采用金属波纹管浆锚搭接连接。

2. 灌浆螺纹盲孔材料

非受力填充墙预制构件限位筋的连接，需要在预制构件限位连接筋处预置灌浆孔，为了增强混凝土与灌浆料之间的摩擦力，需要在灌浆孔内壁形成粗糙面，灌浆螺纹盲孔内壁粗糙面可以埋入金属波纹管波形成（不脱出），也可以采用内置式螺纹盲孔模具（图 3-10）来成孔，这种内置式模具要能形成螺纹粗糙面，还要考虑脱模方便，成孔质量高。内置式模具相比于金属波纹管的优势有两点：第一是模具能够重复循环使用，经济成本占优；第二是形成的内孔壁界面直接是混凝土界面，不需要考虑材料的耐久性问题，另外要注意的是内置式模具脱模应在混凝土初凝时脱模。无论是金属波纹管成孔，还是内置式模具成孔，都应对成孔工艺、孔道形状、孔道内壁的粗糙度或花纹深度以及间距等形成的连接接头力学性能以及适用性进行试验验证。由上海蕉城提供的内置式螺纹盲孔模具构造示意见图 3-11，脱模顺序见图 3-12，在预制构件模具上固定见图 3-13。

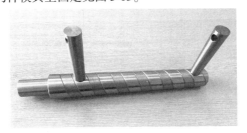

图 3-10　内置式螺纹盲孔模具

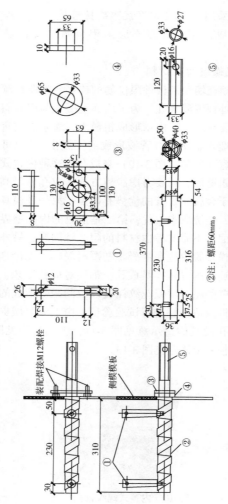

②注：螺距60mm。

图3-11 内置式螺纹盲孔模具构造示意图

装配焊接M12螺栓

侧模模板

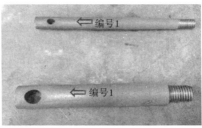

编号1

编号2

编号1

编号1

脱模顺序:
a. 将编号1及编号2工件抽出。
b. 然后旋出编号3工件。

编号3

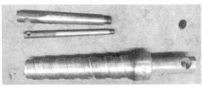

图 3-12　内置式螺纹盲孔模具脱模顺序

图 3-13　内置式螺纹盲孔模具在预制构件模具上固定

3.4　机械套筒

通过机械连接套筒连接钢筋的方式包括螺纹套筒连接和套筒挤压连接，见图 3-14。在装配式混凝土结构里，螺纹套筒连接一般用于预制构件与现浇混凝土结构之间的钢筋连接，与现浇混凝土结构中直螺纹钢筋接头的要求相同，应符合《钢筋机械连接技术规程》JGJ 107—2010 的规定；预制构件之间的连接主要是套筒挤压连接，下面介绍套筒挤压连接。

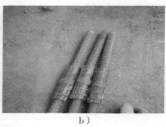

a)　　　　　　　　　　　　b)

图 3-14　机械连接套筒连接钢筋的方式

a)　螺纹套筒连接　b)　套筒挤压连接

预制构件之间连接节点后浇筑混凝土区域的钢筋连接会用到挤压套筒。套筒挤压连接是通过钢筋与套筒咬合作用将一根钢筋的力传递到另一根钢筋，适用于热轧带肋钢筋的连接。两个预制构件之间进行套筒挤压连接的困难之处主要是生产和安装精度控制，钢筋对位要准确，预制构件之间后浇段应留有足够的施工操作空间，据挤压套筒厂家介绍，常用直径连接钢筋的套筒挤压连接，压接钳连接操作空间一般需要 100mm（含挤压套筒）左右。

1. 连接接头形式（按连接钢筋最大直径分）

套筒挤压钢筋接头，按照连接钢筋的最大直径可分为两种形式：

（1）连接钢筋的最大直径 ≥18mm 时，适用于预制柱、预制墙板、预制梁等构件的钢筋连接；应符合行业标准《钢筋机械连接技术规程》JGJ 107—2010 的规定。

（2）连接钢筋最大直径≤16mm 时，可以采用套筒搭接挤压方式，适用于预制叠合楼板、预制墙板等构件的钢筋连接；该连接方式尚无国家或行业技术标准，中国工程建设标准化协会（CECS）标准正在编制中。

2. 连接接头形式（按挤压方向分）

（1）径向挤压机械连接套筒：《钢筋机械连接技术规程》JGJ107 主要规定的是径向挤压套筒的连接形式。连接套筒先套在一根钢筋上，与另一钢筋对接就位后，套筒移到两根钢筋中间，用压接钳沿径向挤压套筒，使得套筒和连接钢筋之间形成咬合力将两根钢筋进行连接，见图3-15，机械连接径向挤压套筒在混凝土结构工程中应用较为普遍。

图 3-15　套筒挤压连接示意图

（2）轴向挤压机械锥套锁紧连接：轴向挤压锥套锁紧钢筋连接也是一种挤压式连接，轴向挤压连接尚无相应的国家或行业的技术标准。轴向挤压锥套锁紧接头所连接的钢筋，必须符合钢筋混凝土用热轧带肋钢筋国家标准 GB1499.2 的规定。根据"建研科技—森林金属"提供的资料，单根钢筋连接示意见图 3-16，仅供参考。

锥套锁紧接头工艺检验的时间、项目、数量及检验要求应符合现行行业标准《钢筋机械连接技术规程》JGJ107 的规定。

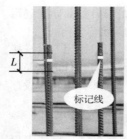

1. 检查位置标记线　　2. 锥套和锁片装入一侧　　3. 插入另一侧钢筋

4. 锥套锁片居中就位　　5. 挤压连接　　6. 连接完成检验

图 3-16　锥套锁紧单根钢筋连接示意图

3.5　预制夹芯保温板拉结件

预制夹芯保温板拉结件有非金属和金属两类。

1. 非金属拉结件

非金属拉结件材质由高强玻璃纤维和树脂制成，导热系数低，应用方便。

（1）Thermomass 拉结件

Thermomass 拉结件在美国应用较多，国内南京斯贝尔公司也有类似的产品。Thermomass 拉结件分为 MS 和 MC 型两种。MS 型有效嵌入混凝土中 38mm；MC 型有效嵌入混凝土达 51mm。Thermomass 拉结件的物理力学性能见表 3-11，在混凝土中的承载力见表 3-12。

表 3-11　Thermomass 拉结件的物理力学性能

物理指标	实际参数
平均转动惯量	243 mm⁴
拉伸强度	800MPa
拉伸弹性模量	40000MPa
弯曲强度	844MPa
弯曲弹性模量	30000MPa
剪切强度	57.6MPa

表 3-12　Thermomass 拉结件在混凝土中的承载力

型号	锚固长度	混凝土换算强度	允许剪切力 V_t	允许锚固抗拉力 P_t
MS	38mm	C40	462N	2706N
		C30	323N	1894N
MC	51mm	C40	677N	3146N
		C30	502N	2567N

注：1. 单只拉结件允许剪切力和允许锚固抗拉力已经包括了安全系数 4.0，内外叶墙的混凝土强度均不宜低于 C30，否则允许承载力应按照混凝土强度折减。

2. 设计时应进行验算，单只拉接件的剪切荷载 V_s 不允许超过 V_t，拉力荷载 P_s 不允许超过 P_t，当同时承受拉力和剪力时，要求 $(V_s/V_t)+(P_s/P_t) \leqslant 1$。

（2）南京斯贝尔 FRP 拉结件

南京斯贝尔 FRP 拉结件（图 3-17）由 FRP 拉结板（杆）和 ABS 定位套环组成。其中，FRP 拉结板（杆）为拉结件的主要受力部分，采用高性能玻璃纤维（GFRP）无捻粗纱和特种树脂经拉挤工艺成型，并经后期切割形成设计所需的形状；ABS 定位套环主要用于拉结件施工定位，其长度一般与保温层厚度相同，采用热塑工艺成型。

Ⅰ型FRP连结件　　　Ⅱ型FRP连结件　　　Ⅲ型FRP连结件

图3-17　南京斯贝尔公司的 FRP 拉结件

FRP 材料最突出的优点在于它有很高的比强度（极限强度/相对容重），即通常所说的轻质高强，其材料力学性能及物理力学性能见表 3-13 和表 3-14。FRP 的比强度是钢材的 20～50 倍。另外，FRP 还有良好的耐腐蚀性、良好的隔热性能和优良的抗疲劳性能。

表 3-13　南京斯贝尔公司的 FRP 拉结件材料力学性能指标

FRP 材性指标	实际参数
拉伸强度≥700 MPa	≥845 MPa
拉伸模量≥42 GPa	≥47.4 GPa
剪切强度≥30 MPa	≥41.8 MPa

表 3-14　南京斯贝尔公司的 FRP 拉结件物理力学性能指标

连接件类型	拔出承载力/kN	剪切承载力/kN
Ⅰ型	≥8.96	≥9.06
Ⅱ型	≥12.24	≥5.28
Ⅲ型	≥9.52	≥2.30

2. 金属拉结件

欧洲预制夹芯保温板较多使用金属拉结件，德国哈芬公司的金属拉结件材质是不锈钢，包括不锈钢杆、不锈钢板和不锈钢圆筒等类型（图3-18）。

图 3-18　哈芬公司金属拉结件

哈芬的金属拉结件在力学性能、耐久性和安全性方面有较大优势，但导热系数比较高，埋置作业较烦琐，价格也比较贵。

3. 拉结件选用注意事项

（1）技术成熟的拉结件厂家会向使用者提供拉结件抗拉强度、抗剪强度、弹性模量、导热系数、耐久性、防火性能等力学物理性能指标，并提供布置原则、锚固方法、力学和热工计算资料等。

（2）拉结件须由具有专门资质的第三方厂家进行相关材料力学性能的检验。

3.6　钢筋间隔件

钢筋间隔件即保护层垫块，是用于控制钢筋保护层厚度或钢筋间距的物件。按材料分为水泥基类（图3-19）、塑料类（图3-20）和金属类。

装配式混凝土建筑无论预制构件还是现浇混凝土，都应当使用符合现行行业标准《混凝土结构用钢筋间隔件应用技术规程》JGJ/T 219 规定的钢筋间隔件，不得用石子、砖块、木

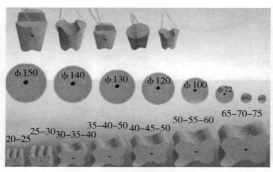

图 3-19　水泥基类间隔件

块、碎混凝土块等作为间隔件。选用原则如下：

（1）水泥砂浆间隔件强度较低，不宜选用。

（2）混凝土间隔件的强度应当比预制构件混凝土强度

图 3-20　塑料类间隔件

等级提高一级，且不应低于 C30。

（3）不得使用断裂、破碎的混凝土间隔件。

（4）塑料间隔件不得采用聚氯乙烯类塑料或二级以下再生塑料制作。

（5）塑料间隔件可作为表层间隔件，但环形塑料间隔件不宜用于梁、板底部。

（6）不得使用老化断裂或缺损的塑料间隔件。

（7）金属间隔件可作为内部间隔件，不应用作表层间隔件。

3.7 内埋式螺母

内埋式螺母属于通用预埋件，是由专业厂家制作的标准或定型产品，包括内埋式金属螺母、内埋式塑料螺母。定型产品由预埋件厂家负责设计，装配式建筑的结构设计师根据需要选用即可。

1. 内埋式金属螺母

（1）现行国家标准《混规》中要求：预制构件宜采用内埋式螺母和内埋式吊杆等。

（2）内埋式螺母（图3-21）具有预制构件制作时模具不用穿孔，运输、存放、安装过程不会挂碰等优点。

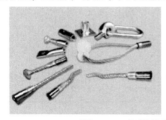

图3-21　内埋式金属螺母及吊具

（3）内埋式金属螺母的材质为高强度的碳素结构钢或和合金结构钢。

（4）按锚固方式不同将内埋式金属螺母分为螺纹型、丁字型、燕尾型和穿孔插入钢筋型。常用的内埋式金属螺母力学性能参数见表3-15。

2. 内埋式塑料螺母

内埋式塑料螺母多预埋到叠合楼板底面，用于悬挂电线等不重的管线（图3-22～图3-24）。日本应用塑料螺母较多，中国目前尚未见到应用。

表 3-15　常用内埋式金属螺母力学性能

品名(形状)	型号	规格 长度	规格 外径	螺栓(SS400) 拉力/kN	螺栓(SS400) 剪力/kN	螺母(SD295A) 拉力/kN	螺母(SD295A) 剪力/kN	混凝土抗拉强度/kN $F_c=12N$	混凝土抗拉强度/kN $F_c=30N$	适用螺母	备注
Y型螺母	M10	75	D16	13.63	7.86	35.43	20.45	13.96	22.07		
		100		13.63	7.86	35.43	20.45	23.72	37.51		
	M12	100	D19	19.81	11.43	59.65	34.43	24.34	38.48		
		150		19.81	11.43	59.65	34.43	51.84	81.97	Y.O	
	M16	100	D22	36.90	21.29	67.88	39.19	24.95	39.45	Y	特殊用途建议外不要使用
		150		36.90	21.29	67.88	39.19	52.76	83.43		
	M16	100	D25	36.90	21.29	103.16	59.55	25.56	40.42		
		150		36.90	21.29	103.16	59.55	53.69	84.88		
		200		36.90	21.29	103.16	59.55	92.03	145.52		
		250		36.90	21.29	103.16	59.55	140.60	222.31	Y.O	
	M20	100	D29	57.58	33.22	117.23	55.89	26.38	41.71		
		150		57.58	33.22	117.23	55.89	54.91	86.82	O	特殊用途建议外不要使用
		200		57.58	33.22	117.23	55.89	93.67	148.10	Y.O	
	M20	100	D32	57.58	33.22	162.01	93.53	27.00	42.68	O	
		150		57.58	33.22	162.01	93.53	55.83	88.28		
		200		57.58	33.22	162.01	93.53	94.90	150.04		
		250		57.58	33.22	162.01	93.53	144.18	227.97		
		300		57.58	33.22	162.01	93.53	203.70	322.07	Y.O	
	M22	100	D35	71.21	41.09	192.81	111.31	27.61	43.65		
		150		71.21	41.09	192.81	111.31	56.75	89.73	O	
		200		71.21	41.09	192.81	111.31	96.12	151.98		
		250		71.21	41.09	192.81	111.31	145.72	230.40	Y.O	
		300		71.21	41.09	192.81	111.31	205.54	324.98		

（续）

品名（形状）	型号	规格 长度	规格 外径	螺栓(SS400) 拉力/kN	剪力/kN	螺母(SD295A) 拉力/kN	剪力/kN	混凝土抗拉强度/kN $F_c=12N$	$F_c=30N$	适用螺母	备注
O型螺母	M24	100	D38	82.96	47.87	232.17	134.03	28.22	44.62	O	
		150		82.96	47.87	232.17	134.03	57.67	91.19		
		200		82.96	47.87	232.17	134.03	97.35	153.92	Y.O	
		250		82.96	47.87	232.17	134.03	147.25	232.82		
		300		82.96	47.87	232.17	134.03	207.38	327.89		
	M27	100	D41	107.87	62.24	259.90	150.03	28.84	45.59	O	
		150		107.87	62.24	259.90	150.03	58.59	92.64		
		200		107.87	62.24	259.90	150.03	98.58	155.86	Y.O	
		250		107.87	62.24	259.90	150.03	148.78	235.25		
		300		107.87	62.24	259.90	150.03	209.22	330.80		
	M30	100	D51	131.84	76.07	432.47	249.66	30.88	48.83	O	
		150		131.84	76.07	432.47	249.66	61.66	97.50		
		200		131.84	76.07	432.47	249.66	102.67	162.33		
		250		131.84	76.07	432.47	249.66	153.90	243.33		
		300		131.84	76.07	432.47	249.66	215.35	340.51		
	M36	100	D51	192.00	110.79	356.95	206.06	30.88	48.83	O	
		150		192.00	110.79	356.95	206.06	61.66	97.50		
		200		192.00	110.79	356.95	206.06	102.67	162.33		
		250		192.00	110.79	356.95	206.06	153.90	243.33		
		300		192.00	110.79	356.95	206.06	215.35	340.51		

品名（形状）	规格 型号	长度	螺栓 拉力/kN	螺栓 剪力/kN	螺母 拉力/kN	螺母 剪力/kN	混凝土抗拉强度 F_c 12N/mm²	30N/mm²	60N/mm²	备注
P 型螺母	M6	30	4.72	2.71	26.46	15.20	2.65	4.19	5.92	
	M8	30	8.60	4.94	22.58	12.97	2.65	4.19	5.92	
	M10	20	13.63	7.83	17.55	10.08	1.32	2.08	2.95	
	M12	30	19.81	11.38	30.43	17.48	2.65	4.19	5.92	
		40					4.41	6.98	9.87	
		80					15.54	24.57	34.75	
	M16	35	36.89	21.19	50.80	29.18	3.89	6.16	8.71	
		50					7.21	11.40	16.12	
		70					14.77	23.36	33.04	考虑用 SS400 螺栓
	M20	100	57.57	33.07	108.52	62.34	25.95	41.03	58.03	
PT 型螺母	M6	45	4.72	2.71	26.46	15.20	5.41	8.55	12.10	
	M8	45	8.60	4.94	22.58	12.97	5.41	8.55	12.10	
	M10	45	13.63	7.83	17.55	10.08	5.41	8.55	12.10	
	M12	64	19.81	11.38	30.43	17.48	10.30	16.29	23.04	
	M16	75	36.89	21.19	50.80	29.18	14.77	23.36	33.04	
		95					22.67	35.84	50.69	
PK 型螺母	W3/8	35	11.53	6.62	19.64	11.28	3.46	5.48	7.75	
	W1/2	55	20.53	11.79	29.70	17.06	7.82	12.36	17.49	
	W5/8	80	33.81	19.42	53.88	30.95	16.59	26.24	37.11	
	M12	55	19.81	11.38	30.43	17.48	7.82	12.36	17.49	
	M16	80	36.89	21.19	50.80	29.18	16.59	26.24	37.11	

品名（形状）	规格		螺栓		螺母		混凝土抗拉强度 F_c			备注
	型号	长度	拉力/kN	剪力/kN	拉力/kN	剪力/kN	12N/mm²	30N/mm²	60N/mm²	
PQ型螺母	M10	40	13.63	7.83	17.55	10.08	4.38	6.93	9.81	考虑用SS400螺栓
	M12	40	19.81	11.38	30.43	17.48	4.41	6.98	9.87	
		50					6.58	10.41	14.72	
	M16	45	36.89	21.19	50.80	29.18	6.00	9.49	13.42	
		60					9.93	15.70	22.20	
FCI型螺母	M10	43	11.89	6.84	—	—	5.28	8.35	11.81	
	M12	60	17.28	9.94	—	—	9.58	15.15	21.43	
	M16	65	32.18	18.52	—	—	12.53	19.81	28.02	
		75					16.00	25.31	35.79	
		85					19.89	31.45	44.48	
	M20	100	50.22	28.91	—	—	27.57	43.59	61.65	
	M24	120	72.36	41.65	—	—	39.38	62.26	88.05	
P-SUS型螺母	M6	30	4.12	2.37	19.70	11.37	2.57	4.07	5.75	考虑用SUS304螺栓
	M8	30	7.50	4.31	16.81	9.70	2.57	4.07	5.75	
	M10	30	11.89	6.84	13.07	7.54	2.57	4.07	5.75	
		50					6.41	10.14	14.35	
	M12	40	17.28	9.94	22.66	13.07	4.31	6.83	9.65	
		50					6.46	10.22	14.46	
		80					15.36	24.29	34.35	
	M16	50	32.18	18.52	39.04	22.53	6.59	10.42	14.74	
		75					13.90	21.98	31.09	
		100					23.77	37.59	53.16	
	M20	100	50.22	28.91	75.99	43.74	23.66	37.41	52.91	

图 3-22　预埋在叠合楼板
底面的塑料螺母

图 3-23　摆放在转盘上的
塑料螺母

图 3-24　塑料螺母的正反面细节图

3.8　内埋式吊钉

　　内埋式吊钉是专用于吊装的预埋件，吊钩卡具连接非常方便，称为快速起吊系统（图 3-25 和图 3-26），吊钉的主要参数见表 3-16。

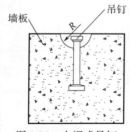

图 3-25　内埋式吊钉

图 3-26　内埋式吊钉与卡具

表 3-16　吊钉主要参数

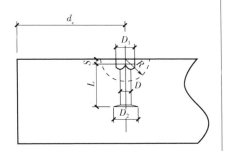

在起吊角度位于 0°~45° 时，用于梁与墙板构件的吊钉承载能力举例

承载能力 /t	D /mm	D_1 /mm	D_2 /mm	R /mm	吊钉顶面凹入混凝土梁深度 S/mm	吊钉到构件边最小距离 d_c/mm	构件最小厚度 /mm	最小锚固长度 /mm	混凝土抗压强度达到 15MPa 时，吊钉最大承受荷载/kN
1.3	10	19	25	30	10	250	100	120	13
2.5	14	26	35	37	11	350	120	170	25
4.0	18	36	45	47	15	675	160	210	40
5.0	20	36	50	47	15	765	180	240	50
7.5	24	47	60	59	15	946	240	300	75
10	28	47	70	59	15	1100	260	340	100
15	34	70	80	80	15	1250	280	400	150
20	39	70	98	80	15	1550	280	500	200
32	50	88	135	107	23	2150			

注意：吊钉承载能力和锚固长度变短时的容许承载力会降低。

第4章 钢筋加工设备

本章主要介绍装配式混凝土建筑预制构件工厂钢筋加工常用的主要设备及施工工地常用的钢筋加工设备,包括:主要钢筋加工设备一览(4.1)、自动化网片加工设备(4.2)、自动化桁架筋加工设备(4.3)、自动化钢筋调制、剪裁设备(4.4)、钢筋成型设备(4.5)、工地常用钢筋加工设备(4.6)及钢筋加工设备的维护保养(4.7)。

4.1 主要钢筋加工设备一览

按加工方式的不同,钢筋加工设备一般可分为两类,一类是自动化加工设备,一类是常规的半自动/手动加工设备。自动化加工设备的效率较高,但应用范围比较窄,一般多用于钢筋网片、桁架筋等的加工或是箍筋的加工。钢筋加工常用的设备见表4-1。

表 4-1 钢筋加工常用的设备

序号	设备名称	使用场所	自动化程度
1	自动化网片设备	预制构件工厂	全自动
2	自动化桁架筋设备	预制构件工厂	全自动
3	自动化钢筋调直、剪裁设备	预制构件工厂	全自动
4	切断机	预制构件工厂/工地	半自动/手动
5	大直径钢筋数控弯曲机	预制构件工厂/工地	全自动

序号	设备名称	使用场所	自动化程度
6	全自动箍筋加工机	预制构件工厂	全自动
7	钢筋调直切断机	预制构件工厂/工地	全自动
8	弯曲机	预制构件工厂/工地	半自动/手动
9	弯箍机	预制构件工厂/工地	手动
10	数控调直弯箍一体机	预制构件工厂/工地	全自动
11	电焊机	预制构件工厂/工地	手动
12	套丝机	预制构件工厂/工地	手动

4.2 自动化网片加工设备

钢筋网片自动化成型主要采用全自动钢筋网焊接机（图4-1），该设备能完成钢筋调直、布筋、焊接、剪断、抓取入库等作业，可加工的钢

图4-1 全自动钢筋网焊接机

筋直径范围为 5 ~ 12mm。

一般在全自动生产线中用于叠合楼板网片筋的焊接，选择该设备时应主要考虑焊接钢筋的规格及可焊接钢筋网的幅宽。

4.3 自动化桁架筋加工设备

自动化桁架筋加工设备（图 4-2）用于桁架筋的自动化成形，可加工的钢筋范围为：弦筋 5 ~ 12mm，左右弦筋 4 ~ 8mm；可加工高度为 70 ~ 300mm 的桁架筋。

图 4-2　自动化桁架筋加工设备

自动化桁架筋加工设备是加工预制叠合楼板、钢结构楼承板的桁架筋的专用设备，进料、布筋、焊接、切断无须人工干预，自动化程度较高，选择该设备时应主要考虑可焊接钢筋的最大规格及可焊接桁架筋的最大高度。

4.4 自动化钢筋调直、剪裁设备

自动化钢筋调直、剪裁设备（图 4-3）主要用于盘卷钢

图 4-3　自动化钢筋调直、剪裁设备

筋的调直和剪裁。这种设备种类规格较多，自动化程度差异也较大，应根据实际情况选择适用的规格型号设备。

4.5 钢筋成型设备

1. 钢筋切断机

钢筋切断机（图 4-4）用于将整根的钢筋裁切成所需长度，一般多用于直条钢筋切断，多为手动，也有半自动的切断机。

不同型号的切断机可裁切不同直径的钢筋。40 型切断机可切断最大直径为 28mm 的螺纹钢，50 型切断机可切断最大直径为 32mm 的螺纹钢，60

图 4-4　钢筋切断机

型切断机可切断最大直径为 36mm 的螺纹钢。

2. 大直径钢筋数控弯曲机

大直径钢筋数控弯曲机（图 4-5）最大能加工弯曲直径为 32mm 的高强度螺纹钢，如梁、柱等的主筋。

钢筋筛分、入料、弯制过程无须

图 4-5　大直径钢筋数控弯曲机

人工干预，可做到自动化作业，加工能力是传统加工设备的 10 倍以上。

3. 全自动箍筋加工机

全自动箍筋加工机（图4-6）主要用于箍筋的自动化生产，能完成调直、进料、弯制、剪断等作业。可加工直径为 4 ~ 12mm 范围内任意形状和尺寸的箍筋，加工箍筋自动化程度较高。

图 4-6　全自动箍筋加工机

全自动箍筋加工机是自动化生产线加工箍筋的主要设备，部分产能较大的非自动化生产线工厂也多采用该设备。

4. 钢筋弯曲机

钢筋弯曲机（图4-7）主要用于钢筋折弯和弯曲箍筋，可分为手动和半自动两种，是钢筋加工中使用最普遍的设备之一，其中 20 型弯曲机可弯曲最大直径为 20mm 的螺

图 4-7　钢筋弯曲机

纹钢，40 型弯曲机可弯曲最大直径为 36mm 的螺纹钢。

4.6　工地常用钢筋加工设备

工地常用的钢筋加工设备主要包括钢筋成型设备和钢筋焊接设备两类。

1. 钢筋成型设备

工地常用的钢筋成型设备主要有钢筋调直切断机、钢筋切断机和钢筋弯曲机。

（1）钢筋调直切断机

钢筋调直切断机（图4-8）可调直切断直径为 4～12mm 的钢筋，钢筋切断长度误差小于3mm，调直速度为45m/min。

（2）钢筋切断机

钢筋切断机（图4-9）最大可切断直径为40mm的钢筋，连续切断次数不低于 28 次/min。

（3）钢筋弯曲机

图4-8　钢筋调直切断机

钢筋弯曲机（图4-10）用于钢筋的弯曲成型，详见4.5节。

图4-9　钢筋切断机　　　　　图4-10　钢筋弯曲机

2. 钢筋焊接设备

工地常用的钢筋焊接设备主要有：

（1）钢筋焊接机，见图4-11。

（2）钢筋点焊机，见图4-12。

图4-11　钢筋焊接机　　　　　图4-12　钢筋点焊机

（3）钢筋电渣压力焊机，见图4-13等。

图4-13　钢筋电渣压力焊机

4.7　钢筋加工设备的维护保养

（1）制定钢筋设备的维护保养制度，钢筋设备必须由专人管理和操作。

（2）定期检查、补充和更换润滑机油，油品应符合机型要求，油杯、油壶要保持清洁、油表清晰明亮、油路保持畅通。

（3）定期检查电源线、各电器部件的完好情况，发现问题要及时检修或更换。

（4）定期检查刀片、调直块等易损件磨损情况，并及时更换。

（5）定期检查各部位螺栓（钉）的紧固程度，发现问题及时整改。

（6）自动化生产设备要定期对终端控制等自动系统进行检测和保养。

（7）每天工作结束后，要对钢筋设备进行清洁，要保证表面无油污、无水渍，同时用清扫工具对设备和机架上的铁屑、钢末进行清理。

第5章　钢筋及相关材料的验收与保管

钢筋是装配式混凝土建筑的主要材料之一，其质量直接影响到装配式混凝土建筑的整体质量，本章分别从工厂验收程序及内容（5.1）、工地验收程序及内容（5.2）、外加工钢筋验收程序及内容（5.3）、验收文件（5.4）、钢筋及相关材料保管（5.5）五个方面介绍钢筋及相关材料的验收与保管。

5.1　工厂验收程序及内容

钢筋及相关材料，包括套筒、金属波纹管、拉结件、预埋件等是预制构件的重要组成部分，为保证用于预制构件中的钢筋及相关材料能够达到设计要求，预制构件工厂应对进厂的钢筋及相关材料的质量进行验收和控制。

5.1.1　钢筋及相关材料进厂验收程序

钢筋及相关材料进厂应由采购部门和质量管理部门共同进行验收。采购部门负责确认型号规格是否与需求一致，并收集合格证、质量证明书（或质量保证书，下同）、生产厂家资料等材料转交质量管理部门归档，同时验收数量或重量；质量管理部门负责对钢筋及相关材料的表面质量和材料性能进行验收，资料不全、资料与产品不符以及钢筋尺寸、重量偏差、力学性能不合格的应拒收。

1. 采购部门的验收程序及内容

采购部门接到到货通知后，应及时到场验收，验收程序及内容如下：

向送货人员索要相关材料→核对请购单、送货单及到场实物是否相符→验收数量或重量是否与发货单一致→通知质量管理部门进行质量验收→向质量管理部门转交相关材料→根据质量管理部门提供的检验结果收货或拒收。

2. **质量管理部门验收程序及内容**

质量管理部门接到采购部门通知后，应及时安排专业质量检查人员到场验收，验收程序如下：

接收采购部门转交的相关材料→核对质量证明书与钢筋实物是否相符→对钢筋及相关材料进行表面质量验收→按要求对钢筋及相关材料取样并进行力学性能检验→将检验结果通知采购部门→归档有关材料。

5.1.2 钢筋及相关材料进厂验收组批规则

1. **钢筋进厂验收组批规则**

由同一牌号、同一炉罐号、同一尺寸且不超过 60t 的钢筋组成一个检验批，超过 60t，每增加 40t（或不足 40t 的余数），增加一个拉伸试样和一个弯曲试样；允许由同一牌号、同一冶炼方法、同一浇注方法的不同炉罐号组成混合批，各炉罐号含碳量之差不大于 0.02%，含锰量之差不大于 0.15%，混合批重量不大于 60t。

钢筋检验批的检验项目、取样数量、取样方法及试验方法见表 5-1。

表 5-1 钢筋检验项目、取样数量、取样方法及试验方法

序号	检验项目	取样数量	取样方法	试验方法
1	尺寸	逐支（盘）		本部分（2）
2	重量偏差		按本部分（3）	

序号	检验项目	取样数量	取样方法	试验方法
3	拉伸	2	任选 2 根钢筋切取	参见 GB/T 228
4	弯曲	2	任选 2 根钢筋切取	参见 GB/T 232

2. 灌浆套筒进厂验收组批规则

由同一批号、同一类型、同一规格且不超过 1000 个灌浆套筒组成一个验收批。

3. 机械套筒进厂验收组批规则

由同原材料、同批号、同类型、同规格且不超过 1000 个机械套筒组成一个验收批。

4. 金属波纹管进厂验收组批规则

由同一钢带厂同一批钢带生产的不超过 50000m 金属波纹管组成一个验收批。

5. 保温板拉结件进厂验收组批规则

宜由同一厂家、同一材质、同一品种的不超过 1000 个（套）保温板拉结件组成一个验收批。

6. 预埋件进厂验收组批规则

预埋件组批规则：宜由同一厂家、同一材质、同一规格、同一品种的不超过 1000 个（套）预埋件组成一个验收批。用于结构受力的预埋件逐个验收，其余预埋件外观质量按 1% 频率进行验收，其他项目每个检验批随机抽取 3 个进行检验，所有检验结果应合格。

5.1.3 钢筋及相关材料进厂质量验收内容

1. 钢筋进厂质量验收内容

（1）资料及质量证明文件的验收

钢筋及相关材料进厂时应收集并核验生产厂家资料、合格证、质量证明书等相关材料。

（2）表面质量验收

钢筋应无有害的表面缺陷，经钢丝刷刷过的试样的尺寸、重量和力学性能不低于第（2）、（3）、（4）条规定要求。

（3）尺寸偏差验收

热轧带肋钢筋按定尺交货时的长度允许偏差为 ±25mm，当要求最小长度时，其偏差为 +50mm，当要求最大长度时，其偏差为 –50mm。

热轧光圆钢筋按定尺交货时，其长度允许偏差范围为 0 ~ +50mm。

（4）重量偏差验收

钢筋应进行重量偏差验收，从 5 根不同的钢筋上截取 5 根长度不小于 500mm（精确到 1mm）的试样，按下式计算重量偏差，测量试样总重量时应精确到不大于总重量的 1%。

$$重量偏差 = \frac{试样实际总重量 - （试样总长度 \times 理论重量）}{试样总长度 \times 理论重量} \times 100$$

式（5-1）

钢筋的重量偏差应符合表 5-2 的规定。

表 5-2　钢筋重量允许偏差

公称直径/mm	实际重量与理论重量偏差（%）	
	热轧光圆钢筋	热轧带肋钢筋
6、8、10、12	±6	±7
14、16、18、20	±5	±5
22		±4
25、28、32、36、40、50	/	

（5）力学性能验收

进厂的钢筋应进行力学性能检验，钢筋力学性能检验分为拉伸试验和弯曲试验，两项试验均应合格。

1）热轧光圆钢筋拉伸试验结果应满足表5-3的要求，弯曲试验应按表5-3规定的弯心直径弯曲180°后，钢筋受弯曲部位表面不得产生裂纹。

表5-3　热轧光圆钢筋拉伸、弯曲试验

牌号	下屈服强度 R_{eL}/MPa	抗拉强度 R_m/MPa	断后伸长率 A（%）	最大力总伸长率 A_{gt}（%）	冷弯试验180°
	不小于				
HPB300	300	420	25	10.0	$d=a$

注：d—弯心直径；a—钢筋公称直径

2）热轧带肋钢筋拉伸试验结果应满足表5-4的要求。热轧带肋钢筋弯曲试验应按表5-5规定的弯心直径弯曲180°后，钢筋受弯曲部位表面不得产生裂纹。

表5-4　热轧带肋钢筋拉伸试验

牌号	R_{eL}/MPa	R_m/MPa	A（%）	A_{gt}/%
	不小于			
HRB335 HRBF335	335	455	17	
HRB400 HRBF400	400	540	16	7.5
HRB500 HRBF500	500	630	15	

表 5-5   热轧带肋钢筋弯心直径

牌号	公称直径 d	弯心直径
HRB335 HRBF335	6 ~ 25	$3d$
	28 ~ 40	$4d$
	>40 ~ 50	$5d$
HRB400 HRBF400	6 ~ 25	$4d$
	28 ~ 40	$5d$
	>40 ~ 50	$6d$
HRB500 HRBF500	6 ~ 25	$6d$
	28 ~ 40	$7d$
	>40 ~ 50	$8d$

2. 灌浆套筒进厂质量验收内容

（1）验收质量证明书、型式检验报告等资料应与灌浆套筒一致且在有效期内。型式检验报告应由灌浆套筒提供单位提交并满足下列要求：

1）工程中应用的各种钢筋强度级别、直径对应的型式检验报告应齐全，结果合格有效。

2）型式检验报告送检单位与现场接头提供单位应一致。

3）型式检验报告中接头类型、灌浆套筒规格、级别、尺寸、灌浆料型号与产品应一致。

4）型式检验报告应在 4 年有效期内，可按灌浆套筒进厂验收日期确定。

5）型式检验报告内容应包括表 5-6 ~ 表 5-9 的内容。

表 5-6　全灌浆套筒连接基本参数

接头名称				送检日期			
送检单位				试件制作地点			
钢筋生产企业				钢筋牌号			
钢筋公称直径/mm				灌浆套筒类型			
灌浆套筒品牌、型号				灌浆料品牌、型号			
灌浆施工人及所属单位							

	试件编号		No. 1	No. 2	No. 3	要求指标
对中 单向 拉伸 试验 结果	屈服强度/(N/mm^2)					
	抗拉强度/(N/mm^2)					
	残余变形/mm					
	最大力下总伸长率（%）					
	破坏形式					钢筋拉断

灌浆料抗 压强度试 验结果	试件抗压强度量测值/(N/mm^2)							28d 合格指标/ （N/mm^2）
	1	2	3	4	5	6	取值	

评定结论		
检验单位		
试验员		校核
负责人		试验 日期

表 5-7 半灌浆套筒连接基本参数

接头名称			送检日期	
送检单位			试件制作地点/日期	
接头试件基本参数	连接件示意图（可附页）：		钢筋牌号	
			钢筋公称直径/mm	
			灌浆套筒品牌、型号	
			灌浆套筒材料	
			灌浆料品牌、型号	

灌浆套筒设计参数				
长度/mm	外径/mm	灌浆端钢筋插入深度/mm		机械连接端类型
机械连接端基本参数				

接头试件实测尺寸				
试件编号	灌浆套筒外径/mm	灌浆套筒长度/mm	灌浆端钢筋插入深度/mm	钢筋对中/偏置
No. 1				偏置
No. 2				偏置
No. 3				偏置
No. 4				对中
No. 5				对中
No. 6				对中
No. 7				对中
No. 8				对中
No. 9				对中
No. 10				对中
No. 11				对中
No. 12				对中

灌浆料性能							
每10kg灌浆料加水量/kg	试件抗压强度量测值/(N/mm²)						合格指标/(N/mm²)
	1	2	3	4	5	6	取值	
评定结论							

表5-8　接头试件型式检验报告试验结果

接头名称			送检日期			
送检单位			钢筋牌号与公称直径/mm			
钢筋母材试验结果		试件编号	No.1	No.2	No.3	要求指标
		屈服强度/(N/mm²)				
		抗拉强度/(N/mm²)				
试验结果	偏置单向拉伸	试件编号	No.1	No.2	No.3	要求指标
		屈服强度/(N/mm²)				
		抗拉强度/(N/mm²)				
		破坏形式				钢筋拉断
	对中单向拉伸	试件编号	No.4	No.5	No.6	要求指标
		屈服强度/(N/mm²)				
		抗拉强度/(N/mm²)				
		残余变形/mm				
		最大力下总伸长率（%）				
		破坏形式				钢筋拉断

试验结果	高应力反复拉压	试件编号	No. 7	No. 8	No. 9	要求指标
		抗拉强度/（N/mm²）				
		残余变形/mm				
		破坏形式				钢筋拉断
	大变形反复拉压	试件编号	No. 10	No. 11	No. 12	要求指标
		抗拉强度/（N/mm²）				
		残余变形/mm				
		破坏形式				钢筋拉断
评定结论						
检验单位				试验日期		
试验员			试件制作监督人			
校核			负责人			

表5-9　接头试件工艺检验报告试验结果

接头名称			送检日期			
送检单位			试件制作地点			
钢筋生产企业			钢筋牌号			
钢筋公称直径/mm			灌浆套筒类型			
灌浆套筒品牌、型号			灌浆料品牌、型号			
灌浆施工人及所属单位						
对中单向拉伸试验结果	试件编号	No. 1	No. 2	No. 3	要求指标
	屈服强度/（N/mm²）				
	抗拉强度/（N/mm²）				
	残余变形/mm				
	最大力下总伸长率（%）				
	破坏形式				钢筋拉断

灌浆料抗压强度试验结果	试件抗压强度量测值/（N/mm²）							28d 合格指标/（N/mm²）
	1	2	3	4	5	6	取值	
评定结论								
检验单位								
试验员			校核					
负责人			试验日期					

（2）灌浆套筒进厂时，应按组批规则的要求从每一检验批中随机抽取 10 个灌浆套筒进行外观、标识、尺寸偏差的验收，外观、标识应满足本条 1）~4）的要求，尺寸偏差结果应满足表 5-10 的要求。

1）灌浆套筒外表面不应有影响使用性能的夹渣、冷隔、砂眼、缩孔、裂纹等质量缺陷。

2）机械加工灌浆套筒表面不应有裂纹或影响接头性能的其他缺陷，端面或外表面的边棱处应无尖棱、毛刺。

3）灌浆套筒外表面标识应清晰。

4）灌浆套筒表面不应有锈皮。

表 5-10 灌浆套筒尺寸偏差表

序号	项目	灌浆套筒尺寸偏差					
		铸造灌浆套筒			机械加工灌浆套筒		
1	钢筋直径/mm	12 ~ 20	22 ~ 32	36 ~ 40	12 ~ 20	22 ~ 32	36 ~ 40
2	外径允许偏差/mm	± 0.8	± 1.0	± 1.5	± 0.6	± 0.8	± 0.8

序号	项目	灌浆套筒尺寸偏差					
		铸造灌浆套筒			机械加工灌浆套筒		
3	壁厚允许偏差 /mm	±0.8	±1.0	±1.2	±0.5	±0.6	±0.8
4	长度允许偏差 /mm	±(0.01×L)			±2.0		
5	锚固段环形凸起部分的内径允许偏差 /mm	±1.5			±1.0		
6	锚固段环形凸起部分的内径最小尺寸与钢筋公称直径差值/mm	≥10			≥10		
7	直螺纹精度	—			GB/T197 中 6H 级		

（3）灌浆套筒进厂时，每一检验批应抽取 3 个灌浆套筒并采用与之匹配的灌浆料制作对中连接接头试件，同时进行抗拉强度试验（图 5-1），接头的抗拉强度不应小于连接钢筋的抗拉强度标准值，且破坏时应断于接头外钢筋。此项试验是行业标准强制性试验项目。

图 5-1　灌浆套筒抗拉强度试验

3. 机械套筒进厂验收内容

（1）验收质量证明书、型式检验报告等资料应与机械套筒一致且在有效期内。型式检验报告应由机械套筒提供单位提交，并满足下列要求：

1）工程中应用的各种钢筋强度级别、直径对应的型式检验报告应齐全，结果合格有效。

2）型式检验报告送检单位与现场接头提供单位应一致。

3）型式检验报告中接头类型、机械套筒规格、级别、尺寸、灌浆料型号与产品应一致。

4）型式检验报告应在4年有效期内，可按机械套筒进厂验收日期确定。

同时应提供连接件产品设计、接头加工安装要求的相关技术文件。

（2）机械套筒进厂时，应按组批规则的要求从每一检验批中随机抽取10%数量的机械套筒进行外观、标识、尺寸偏差的验收，合格率≥95%时，该验收批评定为合格；合格率<95%时，允许一次加倍复试，加倍复试结果合格率≥95%，验收批合格，合格率<95%，逐个检查，检查合格方可接收。外观、标识应满足本条1）～5）的要求，尺寸偏差结果应满足表5-11的要求。

表5-11　机械套筒尺寸偏差表

序号	机械套筒类型	检测项目		
		外径（D）允许偏差/mm		长度（L）允许偏差/mm
		≤50	>50	
1	圆柱形直螺纹套筒	±0.5		±1.0
2	锥螺纹套筒	±0.5	±0.8	±1.0
3	标准型挤压套筒	±0.5	±0.01D	±2.0

1）机械套筒外表面不应有肉眼可见的裂纹或其他缺陷。

2）机械套筒表面不应有锈皮。

3）机械套筒圆及内孔应有倒角，牙型应饱满。

4）机械套筒表面标识应符合下列要求：

套筒的标记应由名称代号、型式代号、主参数（钢筋强度级别）代号、主参数（钢筋公称直径）代号等四部分组成，见图5-2，标识应清晰持久。

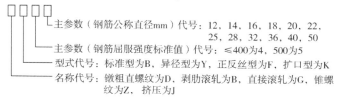

主参数（钢筋公称直径mm）代号：12，14，16，18，20，22，25，28，32，36，40，50

主参数（钢筋屈服强度标准值）代号：≤400为4，500为5

型式代号：标准型为B，异径型为Y，正反丝型为F，扩口型为K

名称代号：镦粗直螺纹为D，剥肋滚轧为B，直接滚轧为G，锥螺纹为Z，挤压为J

图 5-2　机械套筒表面标识方法

5）套筒表面应有厂家代号和可溯源的生产批号。

（3）机械套筒进厂时，每一检验批应抽取 3 个机械套筒并采用现场使用的钢筋制作单向拉伸接头试件并进行抗拉强度检验，接头的抗拉强度不应小于连接钢筋的抗拉强度标准值的 1.1 倍。

4. 金属波纹管进厂验收内容

（1）验收质量证明书、型式检验报告等资料应与金属波纹管一致且在有效期内。型式检验报告应由金属波纹管提供单位提交，并满足下列要求：

1）工程中应用的不同波纹数量、不同截面形状、不同刚度特性的金属波纹管的型式检验报告应齐全，结果合格有效。

2）型式检验报告送检单位与现场金属波纹管提供单位应一致。

3）型式检验报告中金属波纹管的波纹数量、截面形状、刚度特性与产品应一致。

4）型式检验报告应在2年有效期内，可按金属波纹管进厂验收日期确定。

（2）金属波纹管进厂时，外观应逐根全数验收，尺寸应按组批规则的要求从每一检验批中随机抽取3根金属波纹管进行验收，外观、尺寸应满足以下要求：

1）金属波纹管外表面不应有锈蚀、油污、附着物、孔洞和不规则的褶皱，咬口无开裂、脱扣。

2）圆形金属波纹管内径尺寸允许偏差范围为±0.5mm。

（3）金属波纹管进厂时验收有不合格项时，应对不合格项加倍取样复试，复试仍不合格的应拒收。

5. 保温板拉结件进厂验收内容

（1）验收质量证明书、型式检验报告等资料应与材料实物一致且在有效期内；型式检验报告应由保温板拉结件提供单位提交，并满足下列要求：

1）保温板拉结件的型式检验报告应齐全，结果合格有效。

2）型式检验报告送检单位与现场保温板拉结件提供单位应一致。

3）型式检验报告宜在2年有效期内，可按材料进厂验收日期确定。

（2）保温板拉结件外观、尺寸验收宜根据保温板拉结件的质量证明文件和有关的标准进行验收并合格。

1）保温板拉结件外表面不应扭曲、变形、开裂等。

2）保温板拉结件尺寸应符合产品质量文件或有关的标准。

（3）拉结件须具有专门资质的第三方厂家进行相关材料力学性能的检验，检验结果应合格。

6. 钢筋间隔件进厂验收内容

（1）验收合格证、质量证明书及有关试验报告等资料应与材料实物一致且在有效期内。有关试验报告应由间隔件提供单位提交并满足下列要求：

1）有承载力要求的，应提供承载力试验报告，试验结果应合格。

2）有抗渗要求的，应提供抗渗试验报告，试验结果应合格。

3）混凝土类间隔件的强度应比预制构件的混凝土强度等级高一个等级，且不应低于 C30。

（2）钢筋间隔件的形状、尺寸应符合下列要求：

1）钢筋间隔件应满足保护层厚度或钢筋间距的要求，有利于混凝土浇筑密实不至于形成孔洞。

2）钢筋间隔件上的卡扣、槽口应完好且能与钢筋相适配并牢固定位。

7. 预埋件进厂验收内容

用于预制构件的预埋件通常包括预埋钢板（钢板预埋件）、预埋螺栓螺母、预埋吊点等，其中预埋吊点又可分为钢筋螺母埋件、吊钉、钢丝绳等。预埋件应根据不同种类和用途进行验收。

（1）预埋钢板

1）验收合格证、质量证明书及有关试验报告等资料应与材料实物一致且在有效期内。有关试验报告应由预埋件提供单位提交，并满足下列要求：

①钢板及锚固钢筋应提供材料力学性能试验报告，试验结果应合格。

②钢板与锚固钢筋的焊点性能试验应合格。

③其他参数检验报告，检验结果应合格。

2）预埋钢板外观、尺寸应符合下列要求：

①钢板与锚固钢筋的焊接点应饱满，无夹渣、虚焊。

②预埋件表面镀层应光洁，厚度均匀，无漏涂，镀层工艺应符合要求。

③预埋件应无变形，各部位尺寸应满足相关规范或产品质量的要求。

④锚固钢筋的规格、弯折长度、弯曲角度应满足要求。

⑤钢板上预留的孔或螺孔位置偏差应在允许偏差范围内，螺纹应能满足使用要求。

（2）预埋螺栓、螺母

1）验收合格证、质量证明书及有关试验报告等资料应与材料实物一致且在有效期内。有关试验报告应由预埋件提供单位提交，并满足下列要求：

①预埋螺栓、螺母应提供力学性能试验报告，试验结果应合格。

②预埋螺栓、螺母应提供外观尺寸、螺纹长（深）度等相关性能检测报告，试验结果应合格。

③其他参数检验报告，检验结果应合格。

2）预埋螺栓、螺母外观、尺寸应符合下列要求：

①预埋螺栓、螺母外观尺寸应符合设计要求。

②预埋螺栓、螺母的丝牙应符合相关要求，螺纹有效长度或螺孔深度应符合相关要求。

③表面镀层应光洁，厚度均匀，无漏涂，镀层工艺应符合要求。

④底部带孔的，孔径应符合要求，无变形。

（3）预埋吊点

1）验收合格证、质量证明书及有关试验报告等资料应与材料实物一致且在有效期内。有关试验报告应由预埋件提供单位提交，并满足下列要求：

①预埋吊点、吊钉或钢丝绳吊扣应提供力学性能试验报告，试验结果应合格。

②预埋吊点应提供外观尺寸、螺纹长（深）度等相关性能检测报告，试验结果应合格。

③其他参数检验报告，检验结果应合格。

2）预埋吊点外观、尺寸应符合下列要求：

①预埋吊点外观尺寸应符合设计要求。

②预埋吊点的丝牙应符合相关要求，螺纹有效长度或螺孔深度应符合相关要求。

③预埋吊钉的长度、挂扣点形状、锚固端形状等应符合要求。

④钢丝绳的质量应符合相关要求，长度满足设计要求，无断丝、无锈迹、无油污。

⑤表面镀层应光洁，厚度均匀，无漏涂，镀层工艺应符合要求。

⑥底部带孔的，孔径应符合要求，无变形。

5.2 工地验收程序及内容

工地除了按常规要求对自购进场的钢筋及相关材料进行验收外，对随预制构件一起进场的钢筋及相关材料也应进行验收，本节主要介绍工地对随预制构件一起进场的钢筋及相关材料的验收程序及内容。

5.2.1 工地进场验收程序

对随同预制构件一起进场的钢筋及相关材料，工地应按下列程序进行验收：

（1）工程管理部门负责确认随同的钢筋及相关材料是否与所送的预制构件配套，同时验收数量或重量。

（2）通知现场监理，收集相关资料转交现场监理归档。

（3）与现场监理共同对进场材料的表面质量和材料性能进行验收并按要求抽样复试。

（4）根据验收结果决定接收或拒收。

5.2.2　工地进场验收内容

对随同预制构件一起进场的钢筋及相关材料，工地验收内容如下：

1. 验收的批次

工地应按进场的批次进行验收，一般一个楼层为一个检验批。

2. 验收的内容

（1）工地应收取预制构件工厂提供的钢筋及相关材料的质量证明书、型式检验报告、复试报告等相关资料并与实物进行核对，确保符合下列要求：

1）资料与实物要一一对应并在有效期限内。

2）资料上的各项参数及检测项目应齐全，检测结果应合格。

（2）工地应对随同预制构件一起提供的钢筋及其他材料的外观质量、接头的加工质量等进行验收，确保合格。

1）随同预制构件一起提供的直条钢筋的规格、尺寸应符合要求，不得弯曲，箍筋尺寸应合格，不得扭曲变形。

2）钢筋上加工好的螺纹应满足要求，不得锈蚀或损坏、变形等。

3）灌浆套筒、机械套筒及其他金属连接件不得有裂纹、变形或损坏。

（3）对灌浆套筒、机械套筒、预埋件等材料，工地应按要求抽取相应数量送第三方有资质的检测机构进行复试，确保材料质量、加工质量均符合要求。

5.3　外加工钢筋验收程序及内容

当工厂采用外购桁架筋、钢筋网片进行生产或将桁架筋、钢筋网片发包给外单位进行加工时，应对进厂的桁架筋、钢筋网片进行验收。外加工钢筋进厂应由采购部门和质量管理部门共同进行验收。采购部门负责确认型号规格是否与需求一致并收集质量证明书、复试报告等相关资料转交质量管理部门归档，同时验收数量或重量；质量管理部门负责核对资料与钢筋是否一致、外加工钢筋的尺寸及加工质量是否符合要求等，资料不全、资料与产品不符以及钢筋尺寸、加工质量不合格的应拒收。

1. 采购部门的验收程序及内容

采购部门接到到货通知后，应及时到场验收，验收程序如下：

向送货人员索要相关资料→核对采购单、送货单及到场实物是否相符→验收数量或重量是否与发货单一致→通知质量管理部门进行验收→向质量管理部门转交相关材料→根据质量管理部门提供的检验结果收货或拒收。

采购部门应验收下列内容：

（1）验收进场材料的品牌、规格、型号等是否为拟购材料。

（2）核对实物与所提供的资料是否一致。

（3）核对进场材料的数量或重量是否与发货单一致。

2. 质量管理部门验收程序及内容

质量管理部门接到采购部门通知后，应及时安排专业质量检查人员到场验收，验收程序如下：

接收采购部门转交的相关材料→核对质量证明书与钢筋是否相符→对外加工钢筋的尺寸、钢筋规格进行验收→将检验结果通知材料管理部门→归档有关材料。

质量管理部门应验收下列内容：

（1）接收钢筋及相关材料的质量保证书、复试报告等相关资料并与实物进行核对，确保符合下列要求：

1）资料与实物要一一对应并在有效期限内。

2）资料上的各项参数及检测项目应齐全，检测结果应合格或在允许偏差范围内。

（2）对外加工钢筋的成型尺寸、外观质量、焊接质量等进行验收，确保合格。

1）外加工的钢筋尺寸、形状及布筋间距应符合要求，外观质量合格。

2）焊点应饱满，焊接牢固，无虚焊、脱焊等现象。

3）桁架筋的任一根底筋或顶筋必须是一根钢筋，不得多根拼接；腰筋拼接时，焊点应在底筋与腰筋的焊接点上。

（3）网片钢筋应采用焊接，主筋与分布筋如有拼接，接头数量、位置等应符合规范要求。

5.4 验收文件

工厂对进厂的钢筋及相关材料进行验收后，应如实填写验收文件作为材料接收或拒收的书面依据存档。常用的验收文件及格式如下所述。

1. 送（发）货单

送（发）货单是随同材料进厂必需的资料之一，应包含下列内容：

（1）送货单号。

（2）货物名称、规格、数量、单价、金额等。

（3）发货单位名称、收货单位名称、收货单位地址。

（4）发货日期。

（5）其他必须说明的内容（如运输车号、联系方式等）。

格式参见图5-3。

图5-3　送货单

采购部门（或库房）应对送货单内容逐项核对，如有异议，应要求对方说明或根据实际情况在送货单上注明，再登记造册。

2. 质量证明文件

质量证明文件是随同材料进厂必需的资料之一，是材料质量的证明文件，包括质量证明书（图5-4）及型式检验报告（图5-5和图5-6）等。质量证明书根据材料不同，其格式及内容也有较大的差异，但均应包含下列内容：

（1）质量证明书编号。

（2）材料名称、规格、等级等。

（3）检验的项目、指标、结果等。

（4）发货（检查）日期、检验员编号等。

（5）结果判定等。

图 5-4　钢筋质量证明书

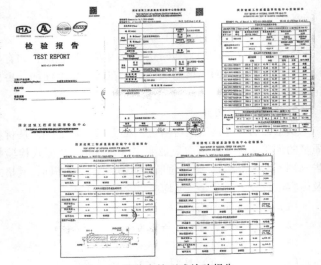

图 5-5　灌浆套筒型式检验报告

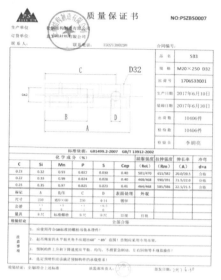

图 5-6　起吊预埋件型式检验报告

3. 工厂的验收记录、复试报告

工厂的验收记录和复试报告是决定材料签收或拒收的主要依据。验收记录和复试报告一般包括下列内容：

（1）进厂（场）批次、复试报告编号。

（2）材料名称、规格、等级等。

（3）检验的项目、指标、结果等。

（4）送检日期、检验单位等。

（5）结果判定、检验单位证明件等。

（6）其他必须说明的内容。

图 5-7 ~ 图 5-10 提供了一些材料的检测报告及验收记录的样本供读者参考。

钢筋原材检测报告

第1页 共1页

委托编号： 1722000005
报告编号： GCN201700005

委托部门	—		
委托日期	2017-02-23	报告日期	2017-02-23

样品编号	1722000005	样品名称	热轧带肋钢筋		牌　号	HRB4003
样品规格	φ22	代表数量	8.584t		表面标识	—
生产单位	抚顺新钢铁有限责任公司				许可证号	XK05-001-00203
炉批号	0714912				检测日期	2017-02-23
检测方法	GB 1499.2—2007 GB/T 228.1—2010 GB/T 232—2010				评定依据	GB 1499.2—2007
重量偏差	标准要求(%)	总长度/mm	理论重量/g	总重量/g	重量偏差(%)	检验结果
	±4	2930	8749	8417	4	合格

下屈服强度/MPa		抗拉强度/MPa		R^0_{eL}/R^0_{eL}		R^0_{eL}/R_{eL}		断后伸长率 *A*		弯曲性能	
标准值 R_{eL}	检测值 R^0_{eL}	标准值 R_{eL}	检测值 R^0_{eL}	标准值	计算值	标准值	计算值	标准值(%)	检测值(%)	要求	检测结果
≥400	445	≥540	015	≥1.25	1.38	≤1.30	1.11	≥10	23	180°	合格
	400		020		1.35		1.15		25		合格
检测结论	所检项目合格										

样品编号	—	样品名称	—		牌　号	—
样品规格	—	代表数量	—		表面标识	—
生产单位	—				许可证号	—
炉批号	—				检测日期	—
检测方法	—				评定依据	—
重量偏差	标准要求(%)	总长度/mm	理论重量/g	总重量/g	重量偏差(%)	检验结果
	—	—	—	—	—	—

下屈服强度/MPa		抗拉强度/MPa		R^0_{eL}/R^0_{eL}		R^0_{eL}/R_{eL}		断后伸长率 *A*		弯曲性能	
检测值 R_{eL}	检测值 R^0_{eL}	标准值 R_{eL}	检测值 R^0_{eL}	计算值	计算值	标准值	计算值	标准值(%)	检测值(%)	要求	检测结果
—	—	—	—	—	—	—	—	—	—	—	—
	—		—		—		—		—		—
检测结论	—										

备注	—

检测报告专用章：　　批准/职务：　　审核：　　检测：

图 5-7　钢筋原材检验报告

钢筋骨架检查表

No.

工程名称：			型号：		
项目	内容	判定标准	实测	目测	判定(合·否)
尺寸	钢筋全长	要在规定尺寸的±5mm以内			合·否
	钢筋全宽	要在规定尺寸的±5mm以内			合·否
	钢筋高度	要在规定尺寸的±5mm以内			合·否
主筋	主筋直径	与配筋图对照、按图施工			合·否
	主筋数量	与配筋图对照、按图施工			合·否
	主筋位置	与配筋图对照、按图施工			合·否
加强筋	加强筋数量	按图施工			合·否
	加强筋位置	要在规定尺寸的±20mm以内			合·否
性能	长度尺寸	与配筋图对照、按图施工			合·否
	端部处理				合·否
外观	浮　锈	不允许出现			合·否
	油　污	不允许出现			合·否
	弯　曲	不允许出现过大的弯曲			合·否
	形　状	不允许出现异形			合·否
	钢筋种类	根据钢筋表面的竖向肋判断			合·否
种类	HRB400E	规范	GB 1499.2—2007		
检查人：		日期：			

检查频次： 全数

钢筋骨架验收明细

钢筋骨架检查表		钢筋明细表						
钢筋根数	钢筋间距	编号	简图/mm	规格	长度/mm	数量/根	重量/kg	备注
		1	1985	Φ8	1985	3	1.57	
		2	3200	Φ12	3200	4	11.37	
		3	150 3180 150	Φ10	3440	14	29.71	
		4	3180	Φ10	3180	4	7.85	
		5	60 190 60	Φ6	285	56	3.54	
		6	150 1985 150	Φ8	2255	46	40.97	
		7	1100	Φ22	1100	4	13.11	
		8	1080	Φ22	1080	4	12.87	
		9	360 MJ1/2预埋件筋	Φ12	360	6	1.92	
		10	2980 MJ3预埋件筋1	Φ12	2980	2	5.29	
		11	2020 MJ3预埋件筋2	Φ12	2020	2	3.59	
			合计				131.79	

图 5-8　钢筋骨架验收记录

套筒质量检测记录

套筒规格：			套筒批次：		检测日期：			检测人员：	
编号	重量 g	长度 L	外径 A₁/mm	外径 A₂/mm	外径 B₁/mm	外径 B₂/mm	外径平均值/mm	外观缺陷（Y/N）	内壁缺陷（Y/N）
1#									
2#									
3#									
4#									
5#									
6#									
7#									
8#									
9#									
10#									
平均值			/	/	/	/		/	/

套筒接头检测记录

灌浆日期					报告编号	
套筒规格	套筒批次	套筒长度/mm		套筒外径/mm		套筒重量/g
钢筋牌号	钢筋规格	钢筋批次	屈服强度/MPa	抗拉强度/MPa		【备注】
灌浆料型号	灌浆料批次	灌浆料用水量	初始流动度/mm			

龄期	灌浆料抗压强度记录						强度取值/MPa
	抗压强度值/kN						
7d	1	2	3	4	5	6	
（通常厂14d可达85~100kPa范围）	1	2	3	4	5	6	
28d	1	2	3	4	5	6	

	套筒接头拉接结果					
试件编号	对中钢筋插入深度（不含橡胶圈厚度）		屈服强度/MPa	抗拉强度/MPa	残余变形/mm	伸长率/%	破坏形式
	长端	短端					
1-强度达标拉接							
2-28d拉接							
3-28d拉接							
套筒检测	钢筋检测	灌浆料检测	灌浆人员	接头拉拔检测	审核	批准	盖章

图 5-9 套筒验收记录

埋件检查表

工程名称			图号		NO：	
本期数量						
检查数量						
检查比例	3%					
检查结果						
检查日期						
检查人员						

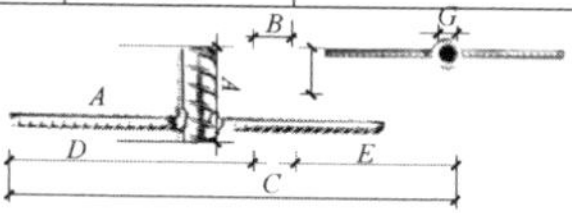

检查件号	主要尺寸记录/mm							焊层	入库检查		备注
	A	B	C	D	E	F	G		检查结果	检查日期	
1									合 否		
2									合 否		
3									合 否		
4									合 否		
5									合 否		
6									合 否		
7									合 否		
8									合 否		
9									合 否		
10									合 否		

说明：此表为埋件进厂验收检查表，用于主体结构受力的埋件为全数检查；其余埋件按千分之三频率抽检。

图 5-10 预埋件验收记录

5.5 钢筋及相关材料保管

钢筋及相关材料入库后应妥善存放与保管，确保在存放过程中不发生变质、变形或锈蚀。存放与保管的一般要求如下：

（1）材料应存放在室内洁净、干燥处，禁止存放在潮湿或含有盐、酸、碱等化学物质的场所，见图 5-11 和图 5-12。

图 5-11　钢筋原材、钢筋骨架的存放　　图 5-12　钢筋网片的存放

（2）材料应按品种、规格分开存放，见图 5-13。

图 5-13　钢筋按规格分开存放

（3）材料存放时底部应垫高或架空，不得落地存放。

（4）预埋件的存放与保管

1）预埋件应按不同种类、不同型号、不同规格分别存放。

2）大件金属预埋件下部宜架高，不得落地堆放，上面应加遮盖，防止锈蚀。

3）堆叠时应小心轻放，防止碰坏表面涂层。

4）小件金属预埋件宜存放在筐内或货架上，见图5-14，应避免不同规格的预埋件混放在一起。

图5-14　存放货架

5）金属预埋件应与盐、酸、碱等化学物质分开存放。

6）预埋件存放遵循先进先出、取用方便的原则。

（5）灌浆套筒、机械套筒、保温板金属拉结件宜存放在包装箱内，存放与保管可参照预埋件存放与保管的相关条款执行。

（6）保温板FRP拉结件、塑料间隔件宜装袋存放，并防止被酸、碱、盐等污染，防止变质、老化。

（7）其他材料应根据其尺寸、材质等特性选取可靠的方式进行存放与保管。

第6章　构件工厂钢筋加工的技术准备

钢筋加工是装配式混凝土建筑预制构件制作的重要环节，为了确保制成的钢筋骨架满足设计及相关规范要求，构件工厂在钢筋加工前，应做好相关的技术准备工作。本章介绍钢筋翻样（6.1）、模具图设计关于钢筋的要求（6.2）、钢筋连接试验（6.3）、伸出钢筋定位（6.4）及编制钢筋加工计划（6.5）。

6.1　钢筋翻样

钢筋翻样包括预算翻样和施工翻样，本章主要介绍施工翻样。施工翻样是指根据设计图纸及相关规范要求详细列出预制构件中钢筋的规格、形状、尺寸、数量、重量等内容，将每种类型的钢筋进行编号，形成钢筋下料单，连同配筋图一并作为作业人员钢筋下料、制作和绑扎安装的依据。

6.1.1　翻样前的准备

进行翻样前，应先阅读设计图总说明和预制构件图，明确下列内容：

（1）确定工程抗震等级。

（2）确定工程遵循的标准、规范、规程及标准图。

（3）确定混凝土强度等级。

（4）遵循设计优先的原则，确定结构说明中是否有详细的钢筋构造做法。

（5）仔细阅读结构说明中连接节点、后浇带等部位的构造做法。

（6）明确预制构件的尺寸、类型、形状，确定是否有留出筋。

6.1.2 钢筋翻样

钢筋翻样有手工翻样和使用翻样软件翻样两种方法。钢筋翻样表可参见图6-1。

筋号	规格	图号	钢筋图例	下料长度/mm	根数	总根数	钢筋归属	变径套筒规格	接头数	接头总数	搭接类型	丝扣类型	重量	
1	Φ18	1	580	580	2	2	柱垂直筋		2		电渣压力焊	无	2.32	角筋.1
2	Φ18	1	480	480	2	2	柱垂直筋		2		电渣压力焊	无	1.92	角筋.1
3	Φ20	1	580	580	4	4	柱垂直筋		4		电渣压力焊	无	5.73	纵筋.2
4	Φ20	1	480	480	4	4	柱垂直筋		4		电渣压力焊	无	4.742	纵筋.2
5	Φ20	637	150 1100	1250	4	4	柱插筋		0		电渣压力焊	无	12.35	插筋.2
6	Φ20	637	150 1000	1150	4	4	柱插筋		0		电渣压力焊	无	11.362	插筋.2
7	Φ18	637	150 1000	1150	2	2	柱插筋		0		电渣压力焊	无	4.6	角筋插筋
8	Φ18	637	150 1100	1250	2	2	柱插筋		0		电渣压力焊	无	5	角筋插筋
9	Φ8	195	560 560	2320	7	7	箍筋		0		绑扎	无	6.415	箍筋.1
10	Φ8	195	560 210	1620	10	10	箍筋		0		绑扎	无	6.399	箍筋.1

图6-1 钢筋翻样表

1. 钢筋手工翻样

钢筋手工翻样虽然计算过程复杂，效率较低，但翻样精准、合理，可以做到最优化，所以采用较普遍，钢筋手工翻样流程如下。

（1）根据工程的抗震等级、设计及相关规范的要求，对预制构件配筋图各部位的钢筋进行合理的拆分，或对设计给出的配筋表进行分析，确保方便施工、损耗小。

（2）选用相应品种、等级和规格的钢筋。

（3）确定钢筋长度。各种类型钢筋长度的确定方法如下。

1）未伸出构件的直筋长度 = 构件图示尺寸 – 保护层厚度 × 2 + 搭接长度，见图6-2。

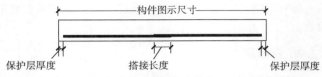

图 6-2　未伸出构件的直筋长度

2）伸出构件的直筋长度 = 构件图示尺寸 + 两端伸出长度 + 搭接长度，见图 6-3。

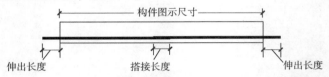

图 6-3　伸出构件的直筋长度

3）未伸出构件的弯筋长度 = 构件图示尺寸 – 保护层厚度 ×2 + 搭接长度 + 两端弯折长度 + 弯曲调整值 + 弯起增加长度（弯起段的长度 – 弯起段投影长度），见图 6-4。

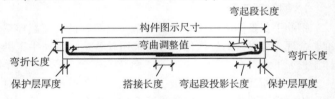

图 6-4　未伸出构件的弯筋长度

4）伸出构件的弯筋长度 = 构件图示尺寸 + 搭接长度 + 两端伸出长度 + 两端弯折长度 + 弯曲调整值 + 弯起增加长度（弯起段的长度 – 弯起段投影长度），见图 6-5。

5）不伸出构件的箍筋长度 =（构件截面图示长度 – 保护层厚度 ×2 + 构件截面图示高度 – 保护层厚度 ×2）×2 + 弯曲调整值 + 弯钩平直段长度 ×2，见图 6-6。

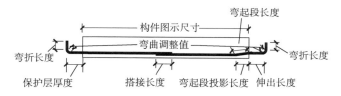

图 6-5　伸出构件的弯筋长度

图 6-6　未伸出构件的箍筋长度

6）伸出构件的箍筋长度 =（构件截面图示长度 + 构件截面图示高度 – 保护层厚度 × 2）× 2 + 两端伸出长度 + 弯曲调整值 + 弯钩平直段长度 × 2，见图 6-7。

图 6-7　伸出构件的箍筋长度

7）曲线钢筋长度 = 构件图示曲面尺寸 – 保护层厚度 × 2 + 两端弯折长度 + 弯曲调整值，见图 6-8。

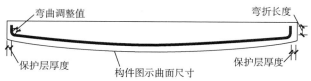

图 6-8　曲线钢筋长度

8）弯曲调整值详见表6-1。

表6-1　钢筋弯曲调整值

弯曲角度	钢筋级别	弯曲调整值 &		弯弧直径
		计算式	取值	
30°	HPB300 HRB335 HRB400	$\& = 0.006D + 0.274d$	$0.3d$	$D = 5d$
45°		$\& = 0.022D + 0.436d$	$0.55d$	
60°		$\& = 0.054D + 0.631d$	$0.9d$	
90°		$\& = 0.215D + 1.215d$	$2.29d$	
135°		$\& = 0.822d - 0.178D$	$0.377d$ $0.11d$	$D = 2.5d$ （HPB 钢筋） $D = 4d$ （HRB 钢筋）

注：d 为钢筋直径。

9）箍筋弯钩增加长度详见表6-2。

表6-2　箍筋弯钩增加长度

弯钩形式	箍筋弯钩增加长度 l_z 计算式	平直段长度 l_p	箍筋弯钩增加长度 l_z	
			HPB300	HRB400（E）
半圆弯钩 （180°）	$l_z = 1.071D + 0.57d + l_p$	$5d$	$8.25d$	$9.85d$
直弯钩 （90°）	$l_z = 0.285D + 0.215d + l_p$	$5d$	$5.9d$	$6.36d$
斜弯钩 （135°）	$l_z = 0.678D + 0.178d + l_p$	$10d$	$11.87d$	$12.89d$

注：表中 90° 弯钩取 $D = 5d$；135°、180° 弯钩：HPB 钢筋取 $D = 2.5d$，HRB 钢筋取 $D = 4d$。

（4）每种类型钢筋配筋数量的确定。

1）梁、柱等预制构件的主筋，应按设计给出的数量确定。

2）网片筋、分布筋、箍筋数量 =（布筋面的尺寸 – 两端保护层）/布筋间距 +1，见图6-9和图6-10。

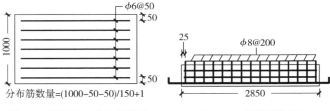

图6-9　网片筋、分布筋数量　　　图6-10　梁箍筋数量

3）其他的加强筋或辅筋数量应根据设置的部位、设置形式等确定，比如预埋件加强筋数量等于需要设置加强筋的预埋件数量；窗角的加强筋数量为窗角数量×2等。

（5）每种类型钢筋的种类应符合设计要求。

（6）每种类型钢筋的重量 = 该种规格钢筋的单位重量 × 该类钢筋每根长度 × 该类钢筋的根数，如 $\phi8$ 的分布筋单根长度3.2m，每个预制构件24根，则该类钢筋的重量为：0.395kg/m×3.2m/根×24根 = 30.336kg，常用规格钢筋的单位重量见表6-3。

表6-3　常用规格钢筋单位重量表

钢筋规格 /mm	单位重量 /kg	钢筋规格 /mm	单位重量 /kg	钢筋规格 /mm	单位重量 /kg
$\phi6$	0.222	$\phi14$	1.21	$\phi22$	2.986
$\phi8$	0.395	$\phi16$	1.58	$\phi25$	3.856

钢筋规格 /mm	单位重量 /kg	钢筋规格 /mm	单位重量 /kg	钢筋规格 /mm	单位重量 /kg
φ10	0.617	φ18	1.999	φ28	4.837
φ12	0.888	φ20	2.47	φ32	6.31

（7）编制钢筋翻样表

将上述（1）～（6）步中所得到的数据按图 6-1 的样式编制钢筋翻样表。

2. 用翻样软件进行翻样

用翻样软件可大大提高翻样的速度，但局部细节最好进行手工优化。不同的翻样软件操作也不尽相同，这里以常用的 CAD 软件配合平板钢筋工具插件为例作简要介绍。

（1）将图纸调入翻样软件，见图 6-11。

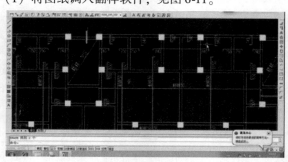

图 6-11　调入图纸

（2）设置钢筋参数，见图 6-12。

（3）选取相应的钢筋，见图 6-13。

（4）选取布筋位置，见图 6-14。

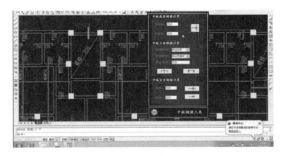

图 6-12　设置钢筋参数

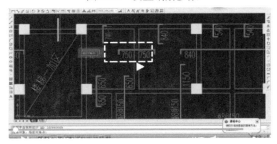

图 6-13　选取钢筋

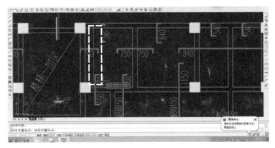

图 6-14　选取布筋位置

（5）完成钢筋信息输入，见图6-15。

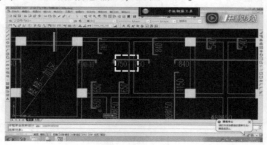

图6-15　完成信息输入

（6）重复步骤（1）～（4），完成所有钢筋的信息输入，见图6-16。

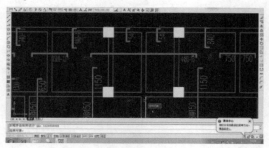

图6-16　输入所有钢筋信息

（7）软件自动完成翻样表，见图6-17。

（8）复核翻样表并进行局部调整。

3. 采用自动化钢筋加工设备时应做的准备

采用自动化加工设备进行钢筋加工前应完成如下准备：

（1）将预制构件配筋图转换成设备能识别的图纸或内容。

图 6-17　软件自动完成翻样表

（2）向控制系统中输入转换好的图纸信息或内容。

（3）根据质量要求及设备历史使用数据等调整或输入合适的控制参数，必要时可预先手动试制。

6.2　模具图设计关于钢筋的要求

在预制构件制作中，钢筋与模具关联度较高。因此，钢筋加工前的技术准备，必须考虑模具的因素。一般应考虑下列几个方面：

（1）布筋位置与内模、手孔模等发生冲突。

1）虽然有冲突，但在可避让范围内的，可调整布筋位置，见图 6-18。

2）在不可避让范围内时，应采用其他有效方案进行调整，如弯折钢筋等，此时，必须在钢筋翻样表上做出同步调整，见图 6-19。

原位置　　调整后位置

图 6-18　调整钢筋位置

弯折钢筋避让

图 6-19　弯折钢筋避让

（2）带窗、带阴角的模具，在窗角、阴角部位应配置加强筋，见图6-20。

（3）在模具变截面或装饰线条等应力集中部位，应考虑配置加强筋，见图6-21。

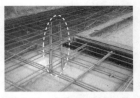

图6-20　窗角配置加强筋

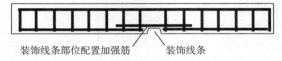

装饰线条部位配置加强筋　　装饰线条

图6-21　装饰线条应力集中部位配置加强筋

6.3　钢筋连接试验

钢筋连接试验是检验钢筋连接是否合格的重要手段，通过对不同连接形式的钢筋连接接头的抗拉性能、抗弯性能等进行检测来保证被连接钢筋的相关性能是否能够达到设计及相关规范的要求。常用的钢筋连接形式有焊接（图6-22）、机械连接（图6-23）及灌浆套筒连接等。对钢筋常用连接形式进行试验的试样数量见表6-4，检验结果应合格。

图6-22　钢筋焊接

图6-23　钢筋机械连接

表 6-4　钢筋常用连接形式进行试验的试样数量

连接形式	接头形式	检验批数量 /个	试验项目所需的试样数量		备　　注
			拉伸试验	弯曲试验	
焊接	闪光对焊	≤300	3	3	异径连接不需要做弯曲试验
	电弧焊		3		
机械连接	套筒挤压 直螺纹 锥螺纹	≤500	3		
灌浆套筒连接	全灌浆 半灌浆	≤1000	3		

6.4　伸出钢筋定位

对于有伸出钢筋的预制构件，应在模具设计时考虑伸出钢筋的定位工装。伸出钢筋的定位工装包括中心位置定位（图6-24）及伸出长度定位（图6-25）。

图6-24　伸出钢筋中心
位置定位

图6-25　伸出钢筋伸出
长度定位

6.5 编制钢筋加工计划

进行钢筋加工前，须根据下列要素来编制钢筋加工计划：

（1）预制构件生产计划。

（2）钢筋翻样表。

（3）预制构件模具完成情况。

编制完成的钢筋加工计划以钢筋加工计划表的形式体现，见表6-5。

表6-5 钢筋加工计划表

单位				提出日期		年	月	日第	页
工程名称				分部分项			供应日期	月	日
构件名称	构件数量	钢筋编号	成型大样	直径钢号	下料长度/mm	数量（根）		总长度/m	重量/kg
						单根	总量		

专业工程师　　　　　　　　　审核　　　　　　　　　制表

第7章 构件工厂钢筋加工作业

钢筋加工是预制构件制作的主要工序之一，钢筋加工的质量直接影响到预制构件的质量。本章介绍预制构件钢筋加工工艺流程（7.1）、单筋加工操作规程（7.2）、自动化加工钢筋操作规程（7.3）、手工加工钢筋操作规程（7.4）、异形钢筋加工操作规程（7.5）、钢筋骨架组合操作规程（7.6）、灌浆套筒部件安装操作规程（7.7）以及钢筋骨架验收（7.8）。

7.1 预制构件钢筋加工工艺流程

预制构件钢筋加工工艺流程为：

钢筋调直→钢筋下料→弯曲成型→钢筋连接（如果需要）→形成钢筋骨架

1. 钢筋调直

使用调直设备对盘卷钢筋进行调直，预制构件工厂常用的有调直机调直（图7-1）和卷扬机冷拉调直（图7-2），因为卷扬机冷拉调直质量无法保证，现已很少采用。

图7-1 调直设备调直　　　图7-2 卷扬机冷拉调直

2. 钢筋下料

使用断料设备对已调直的钢筋或直条钢筋按需要的长度进行剪切断料，常见的有半自动下料（图7-3）和全自动下料（图7-4）。

图7-3　半自动下料

图7-4　全自动下料

3. 弯曲成型

将下料得到的钢筋直料弯制成配料表上要求的形状和尺寸，常用的方式有手工弯曲成型（图7-5）、半自动弯曲成型（图7-6）和全自动弯曲成型（图7-7），由于手工弯曲成型效率太低，现已很少采用。

图7-5　手工弯曲成型

图7-6　半自动弯曲成型

图7-7　全自动弯曲成型

4. 钢筋连接

为对长度不够的钢筋进行接续，使其长度达到要求，这时就需要对钢筋进行连接，常用的钢筋连接方式有绑扎连接（图7-8）、焊接（图7-9）及机械连接（图7-10）等。

图7-8 绑扎连接　　　图7-9 焊接　　　图7-10 机械连接

5. 形成钢筋骨架

将下料得到的钢筋直料和经弯曲成型制成的钢筋半成品按配筋图的要求组合后进行绑扎或焊接，形成钢筋骨架，常见的钢筋骨架有焊接形成的钢筋网片骨架（图7-11）和绑扎形成的钢筋骨架（图7-12）。

图7-11 焊接形成的钢筋网片骨架　　图7-12 绑扎形成的钢筋骨架

7.2 单筋加工操作规程

单筋加工就是将直条钢筋经切断、弯曲后，制作成符合设计要求形状和尺寸的单根钢筋，为制作钢筋骨架做好准备。单筋加工作业应按下列程序进行：

（1）待加工的钢筋的品种、规格、等级应与设计要求相符，见图7-13。

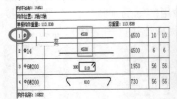 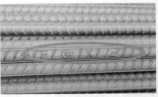

图7-13　钢筋原材与配料单一致

（2）根据钢筋配料表上的长度进行下料（图7-14），受力钢筋下料长度偏差应在±10mm范围内。

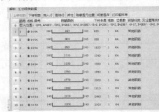 

图7-14　根据配料表下料

（3）根据钢筋配料表，将完成下料的钢筋弯制成配料表上规定的形状和尺寸，见图7-15。

图7-15　根据配料表弯制成型

（4）将完成单筋加工的钢筋半成品按项目、预制构件型号、品种、规格分别存放并标识清楚，见图7-16。

图 7-16　钢筋半成品存放

7.3　自动化加工钢筋操作规程

钢筋自动化加工是指使用数控设备对直条钢筋或盘卷钢筋进行全自动调直、切断、弯制成型等过程，最终输出合格的钢筋半成品。一般的自动化加工设备加工好的钢筋半成品需要人工整理、分类，比较先进的设备可以实现全自动整理、分类等。钢筋自动化加工应按下列程序进行：

（1）在入料口（用于盘卷钢筋）或料架上（用于直条钢筋或已调直的盘卷钢筋）准备好所需的钢筋原材，见图7-17。

（2）向控制系统中输入钢筋的规格、长度、形状、尺寸、弯曲角度等参数信息，见图7-18。

图 7-17　入料口准备钢筋原材　　　图 7-18　输入加工参数信息

（3）启动设备，将设备设置为一次循环的自动作业程序，并开始作业。

（4）测量制成的钢筋半成品各项尺寸数据，并与需求值对比，见图7-19。如偏差在允许范围内，则执行第（6）步，否则执行第（5）步。

（5）根据偏差部位及偏差情况，调整相关控制参数后重新进行一次循环的自动作业，并进行结果比对，直至偏差在允许范围内。

（6）将设备转换成全自动作业程序，并进行全自动批量作业。

（7）人工或自动对制成的半成品钢筋进行整理、分类，并做好标识，见图7-20。

图 7-19　测量尺寸　　　图 7-20　成型的钢筋分类标识

7.4　手工加工钢筋操作规程

手工加工钢筋又分为纯手工加工和机械辅助加工两种方式，纯手工加工因作业效率低，现已很少采用，所以我们只介绍机械辅助加工的作业方式。机械辅助加工钢筋应按下列程序进行作业：

（1）将盘卷钢筋调直并切断，见图7-21。

（2）将已经调直的盘卷钢筋或直条钢筋按钢筋配料表要

求的尺寸在切断机上切断并分类堆放、标识，见图7-22。

图7-21　钢筋调直

图7-22　切断的钢筋分类标识

（3）将已截断好的钢筋中需要弯制的钢筋在弯曲机上弯曲成型，一般应先试弯几个，核对各部位尺寸符合要求后再批量弯制。

（4）将弯曲成型的钢筋分类存放，并做好标识，见图7-23。

图7-23　弯制成型的钢筋分类存放并标识

7.5　异形钢筋加工操作规程

异形钢筋加工是钢筋弯曲成型的一个特例，其弯制成的形状不在一个平面内，所以很难在自动化加工设备上完成，一般常在钢筋弯曲机上手工弯制。异形钢筋加工应按下列程序进行：

（1）分析配筋图或钢筋配料表中需要弯制的异形钢筋的形状，确定各部位弯制的先后顺序，应将改变平面的弯制点放在最后弯制。

（2）将断好的钢筋直料放于工作台上，按钢筋的弯曲半径要求，调整好弯曲机的弯曲轴心。

（3）启动弯曲机，取一根钢筋直料按第（1）步中确定的弯制顺序逐点弯制。

（4）最后弯制需要改变平面的点时，应按需要的角度旋转正在弯曲的钢筋，使已经弯曲的部分朝上。

（5）测量、核对弯好的异形钢筋，对偏差部位进行调整，直至符合要求，记录满足要求时所采用的各项参数。

（6）用第（5）步得到的参数按第（2）～（4）的步骤进行弯制。

（7）将弯制成的异形钢筋分类存放，并做好标识。

7.6 钢筋骨架组合操作规程

钢筋骨架组合是指将制作完成的钢筋半成品按配筋图的要求通过绑扎或焊接使其形成一个刚性整体的过程。下面介绍常见预制构件钢筋骨架组合操作的作业程序。

1. 叠合板钢筋骨架作业程序

（1）将组合钢筋骨架所需的钢筋半成品准备好。

（2）在绑扎区地面放大样，画出布筋网格或准备好绑扎骨架的胎架，见图7-24。

（3）根据配筋图所示的要求和位置，将钢筋逐根按顺序放好，见图7-25。

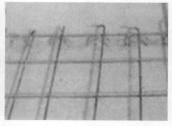

图7-24 地面大样　　　　　图7-25 按顺序布筋

（4）将每个钢筋交叉点用绑丝绑扎牢固，绑丝头应按下，使其紧贴在钢筋上。

（5）将绑扎好的骨架挂上标识，吊运至存放区。

2. 其他类型预制构件钢筋骨架作业程序

（1）熟读并仔细分析配筋图，确定合理的布筋、绑扎顺序，一般顺序为先主次次，先主体后细部。

（2）准备好组合钢筋骨架所需的钢筋。

（3）主筋或纵筋放到绑架或绑扎工位上，对齐整齐排列，根据配筋图要求的布筋间距在主筋或纵筋上做好标记，见图 7-26。

（4）将所需数量的箍筋套入并挂在主筋或纵筋上，按标记的位置逐点绑扎，必要时可加临时支撑，防止骨架倾斜或变形，见图 7-27 和图 7-28。

图 7-26　标记箍筋位置　　　　图 7-27　套入箍筋

（5）钢筋骨架绑扎好后挂上标识，吊运至存放区，见图 7-29。

3. 模内组合钢筋骨架作业程序

（1）熟读并仔细分析配筋图，确定合理的布筋、绑扎顺序，一般顺序为先主次次，先主体后细部。

图 7-28　绑扎箍筋　　　　　图 7-29　挂上标识

（2）准备好组合钢筋骨架所需的钢筋。

（3）将主筋或纵筋对齐整齐排列，根据配筋图要求的布筋间距在主筋或纵筋上做好标记。

（4）将所需数量的箍筋放到模框内，需要出筋的，按侧模上预留的出筋槽口排布。

（5）将主筋或纵筋穿入模内箍筋，确定好两端保护层厚度。

（6）根据主筋或纵筋上标记的布筋位置，将钢筋的交叉点逐个绑扎好，绑丝头朝向骨架内侧。

（7）钢筋骨架绑扎完成后应清理模内断绑丝及其他垃圾等，并挂上标识。

7.7　灌浆套筒部件安装操作规程

灌浆套筒是装配式混凝土建筑连接钢筋的主要部件，可分为全灌浆套筒和半灌浆套筒。

1. 全灌浆套筒的安装作业程序

（1）套筒安装前，应核对品牌、品种、型号，套筒规格应与所连接的钢筋的规格相匹配。

（2）安装前目测套筒应无变形、无裂纹、无砂眼。

（3）将套筒的一端套在芯模或橡胶支柱，从侧模外穿入螺栓拧在芯模上或将支柱螺栓穿出侧模，拧上螺栓，见图7-30。

（4）拧紧螺栓使套筒与侧模连接牢固，见图7-31。

图 7-30　安装套筒　　　　　　　图 7-31　紧固套筒

（5）在钢筋待连接端套入橡胶密封圈，使钢筋端头的伸出长度略大于套筒长度的二分之一，见图7-32。

（6）将套好密封圈的钢筋从套筒的另一端伸入，钢筋应插入到套筒中心的定位挡片处，旋转套筒调整好灌浆孔位置。

（7）调整橡胶密封圈，使其紧密镶套在套筒与钢筋的槽口中，并确保橡胶圈与套筒顶端齐平，见图7-33。

图 7-32　钢筋上安装密封圈　　　图 7-33　钢筋装入套筒

（8）在套筒的灌浆孔和出浆孔上安装 PVC 灌浆导管和出

浆导管，并固定牢固（图7-34），必要时可在孔口注胶粘接。

2. 半灌浆套筒的安装作业程序

（1）套筒安装前，应核对品牌、品种、型号、套筒规格，保证其与所连接的钢筋的规格相匹配。

（2）安装前目测套筒应无变形、无裂纹、无砂眼。

（3）钢筋待连接端应预先铰好丝牙，使钢筋端头的伸出长度略大于套筒长度的二分之一。

（4）将套筒螺纹的一端拧在待连接的钢筋上，用力矩扳手拧紧至规定的力矩，旋转整根钢筋调整好灌浆孔位置。

（5）在套筒的另一端套入芯模或橡胶支柱，从侧模外穿入螺栓拧在芯模上或将支柱螺栓穿出侧模，拧上螺栓。

（6）拧紧螺栓使套筒与侧模连接牢固。

（7）在套筒的灌浆孔和出浆孔上安装 PVC 灌浆导管和出浆导管，并固定牢固（图7-35），必要时可在孔口注胶粘接。

 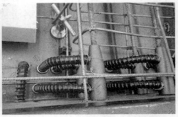

图 7-34　安装 PVC 灌浆导管　　图 7-35　安装半灌浆套筒
　　　　　和出浆导管

7.8　钢筋骨架验收

钢筋骨架分为焊接的钢筋网片骨架和绑扎的钢筋骨架。在模外制作的钢筋骨架应在入模前进行验收，在模内绑扎的钢筋骨架应在混凝土浇筑前进行验收。钢筋骨架验收及记录见图 7-36、图 7-37。

图 7-36　钢筋骨架验收

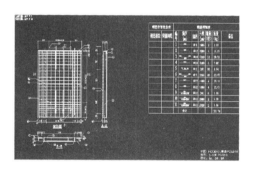

图 7-37　钢筋骨架验收记录

1. 焊接的钢筋网片骨架验收

（1）焊接的钢筋网骨架型号应与预制构件型号一致。

（2）焊接钢筋网片骨架的钢筋品种、型号、规格应满足设计要求，钢筋原材的力学性能和重量偏差应合格。

（3）焊接钢筋网片骨架焊点开焊数量不应超过整张网片骨架交叉点总数的 1%，并且任意一根钢筋上开焊点不应超过该支钢筋上交叉点总数的一半。

（4）焊接钢筋网片骨架最外圈的钢筋上的交叉点不应开焊。

（5）钢筋焊接网片骨架纵向筋、横向筋间距应与设计要求一致，布筋间距允许偏差取±10mm和规定间距的±5%两者中的较大值。

（6）焊接钢筋网片骨架的长度和宽度允许偏差取±25mm和规定长度±5%的较大值。

（7）钢筋焊接网片骨架的抗剪试验应合格。

2．绑扎的钢筋骨架验收

（1）绑扎的钢筋骨架型号应与预制构件型号一致。

（2）纵向受力钢筋的牌号、规格、数量、位置、长度应符合要求。

（3）箍筋、横向钢筋的牌号、规格、数量、间距、位置，箍筋弯钩的弯折角度及平直段长度应符合要求。

（4）钢筋连接方式、接头位置、接头质量、搭接长度应符合要求。

（5）受力钢筋沿长度方向的净尺寸允许偏差不得大于±10mm，弯起钢筋的弯折位置偏差不得大于±20mm，箍筋外廓尺寸允许偏差不得大于±5mm。

（6）钢筋交叉点应满绑，相邻点的绑丝扣成八字开，绑丝头顺钢筋方向压平或朝向钢筋骨架内侧，绑扎应牢固。

（7）带滚丝接头的滚丝质量应合格。

第8章 预埋件分类与加工

预埋件在装配式混凝土建筑中应用较多，由于装配式混凝土建筑原则上不允许砸墙凿洞，不宜用后锚固方式埋设预埋件，所以规范地进行预埋件制作和安装就变得尤其重要。本章介绍预埋件分类（8.1）和预埋件加工制作（8.2）。

8.1 预埋件分类

（1）用于装配式混凝土建筑预制构件中的预埋件有两类：通用预埋件和专用预埋件。

（2）通用预埋件是专业厂家制作的标准或定型产品，包括内埋式螺母、内埋式吊钉等。

（3）专用预埋件是根据设计要求制作加工的预埋件，包括钢板（或型钢）预埋件、附带螺栓的钢板预埋件、焊接钢板预埋件、钢筋吊环、钢丝绳吊环、预埋螺栓等。专用预埋件的加工制作需要进行结构计算并绘制预埋件详图。

（4）预埋件的用途以及可能需埋设的预制构件见表8-1。

（5）避免预埋件遗漏需要各个专业协同工作，通过BIM建模的方式将设计、制作、运输、安装以及以后使用的场景进行模拟，做到全流程的BIM设计及管理，以便能够有效地避免预埋件的遗漏。

（6）通用预埋件即预埋件的定型产品在本书第3章已做了详细介绍，本章不再赘述，本章主要介绍专用预埋件。

表 8-1　装配式混凝土建筑预埋件用途及可能需埋设的预制构件一览表

阶段	预埋件用途	需埋设的预制构件	可选用预埋件类型							备注
			内埋式金属螺母、螺栓	内埋式塑料螺母	内埋式吊钉	钢板预埋件（包括附带螺栓、焊接的钢板预埋件）	钢筋吊环	钢丝绳吊环	预埋螺栓	
使用阶段（与建筑物同寿命）	构件连接固定	外挂墙板、楼梯板	◎			◎			◎	
	门窗安装	外墙板、内墙板	◎							
	金属阳台护栏	外墙板、柱、梁	◎							
	窗帘杆或窗帘盒	外墙板、梁	◎							
	外墙水落管固定	外墙板、柱	◎							

阶段	预埋件用途	需埋设的预制构件	可选用预埋件类型							备注
			内埋式金属螺母、螺栓	内埋式塑料螺母	内埋式吊钉	钢板预埋件（包括附带螺栓、焊接的钢板预埋件）	钢筋吊环	钢丝绳吊环	预埋螺栓	
使用阶段（与建筑物同寿命）	装修用预埋件	楼板、梁、柱、墙板	◎	◎						
	较重的设备固定	楼板、梁、柱、墙板	◎							
	较轻的设备、灯具固定		◎			◎				
	通风管线固定	楼板、梁、柱、墙板	◎	◎						
	管线固定	楼板、梁、柱、墙板	◎	◎						

阶段	预埋件用途	需要设的预制构件	可选用预埋件类型							备注
			内埋式金属螺母、螺栓	内埋式塑料螺母	内埋式吊钉	钢板预埋件（包括附带螺栓、焊接的钢板预埋件）	钢筋吊环	钢丝绳吊环	预埋螺栓	
使用阶段（与建筑物同寿命）	电源、电信线固定	楼板、梁、柱、墙板		◎						
制作、运输、施工阶段（过程用，没有耐久性要求）	脱模	预应力楼板、梁、柱、墙板	◎							
	翻转	墙板	◎							
	吊运	预应力楼板、梁、柱、墙板	◎		◎		◎	◎		
	安装微调	柱		◎						
	临时侧支撑	柱、墙板	◎							

（续）

阶段	预埋件用途	需要设的预制构件	可选用预埋件类型							备注
			内埋式金属螺母、螺栓	内埋式塑料螺母	内埋式吊钉	钢板预埋件（包括附带螺栓、焊接的钢板预埋件）	钢筋吊环	钢丝绳吊环	预埋螺栓	
制作、运输、施工阶段（过程中使用，没有耐久性要求）	后浇筑混凝土模板固定	墙板、柱、梁	◎							无装饰的构件
	异形薄弱构件加固埋件	墙板、柱、梁	◎							
	脚手架或塔式起重机固定	墙板、柱、梁	◎			◎				无装饰的构件
	施工安全护栏固定	墙板、柱、梁	◎							无装饰的构件

8.2 预埋件加工制作

8.2.1 预埋件设计

专用预埋件设计内容应包括：

（1）按照设计详图中预埋件的材质、形状、尺寸下料剪裁制作。

（2）预埋件焊接部位应保证其焊接长度和焊缝高度满足要求。

（3）对预埋件外露部分进行承载力计算复核，如外露钢板、螺栓、吊环抗拉、抗压、抗剪强度复核和变形复核。

（4）长期使用的预埋件须进行防锈蚀处理。

（5）对安装节点预埋件的锚固长度进行设计。

8.2.2 预埋件加工制作

1. 钢板预埋件

钢板预埋件（图 8-1）是指预埋钢板和锚固钢筋组成的预埋件，预埋钢板叫作锚板，焊接在锚板上的锚固钢筋叫作锚筋。

依据设计详图，确定锚筋数量、位置后将锚筋

图 8-1　钢板预埋件

焊接在已剪裁好的锚板上，并做镀锌防腐处理。锚板与锚筋的焊接质量是关键，应采用在锚板上钻孔后以塞焊的方式进行焊接，并保证焊缝的高度和质量，焊接后应进行焊缝强度检查。

钢板预埋件制作需满足规范误差的要求，预埋件锚板的边长允许偏差为（0，－5mm），预埋件锚板平整度允许偏差为（1mm），锚筋的长度允许偏差为（10，－5mm），锚筋的间距允许偏差为（±10mm）。检测方法为用钢尺测量。

2. 附带螺栓的钢板预埋件

附带螺栓的钢板预埋件有两种组合方式，第一种是在锚板表面焊接螺栓；第二种是螺栓从钢板内侧穿出，在内侧与钢板焊接（图8-2），第二种方法在日本应用较多。附带螺栓的钢板预埋件制作要求同第1条。

图8-2　附带螺栓的钢板预埋件

3. 焊接钢板预埋件

焊接钢板预埋件（图8-3）是指由钢板按照设计详图尺寸弯折、焊接而成的预埋件，焊接质量和检验方法参见第1条。焊接钢板预埋件较多应用在预制外挂墙板上，见图8-4。

图8-3　焊接钢板预埋件

图8-4　外挂墙板上的焊接钢板预埋件

4. 钢筋吊环、钢丝绳吊环

钢筋吊环（图8-5）和钢丝绳吊环（图8-6）的设计和制作相对比较简单，主要是应按照设计详图的尺寸弯折、剪裁，保证锚固长度的要求。

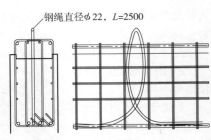

图 8-5　钢筋吊环示意图　　　图 8-6　钢丝绳吊环示意图

5. 预埋螺栓

预埋螺栓是指预埋在混凝土内的螺栓，见图8-7。可以直接埋设满足锚固长度要求的长镀锌螺杆；也可以在螺栓端部焊接锚固钢筋。当采用焊接方式时，应选

图 8-7　外挂墙板预埋螺栓

用与螺栓和钢筋适配的焊条，预埋螺栓制作应按设计详图要求保证丝扣的锚固长度。

装配式建筑用到的预埋螺栓包括预制楼梯和预制外挂墙板安装用的螺栓，宜选用高强度螺栓或不锈钢螺栓，高强度螺栓应符合现行行业标准《钢结构高强度螺栓连接技术规程》JGJ 82—2001 的要求。

8.2.3　预埋件加工制作要点

（1）预埋件下料加工后的尺寸应满足设计详图要求。

（2）预埋件所用钢材物理及力学性能应符合设计要求。

（3）所用焊条性能应符合设计要求。

（4）预埋件的焊接质量须满足规范要求。

（5）当预埋件为本厂加工时应当由技术部门进行技术交底，由质量部门对生产过程进行质量控制和验收检查。

（6）外委加工的预埋件要在合同中约定材质要求、技术要求及质量标准，入厂时须进行检查验收。

8.2.4 预埋件防腐防锈处理

（1）对于裸露在外的预埋件一定要按照设计要求进行防腐防锈处理。

（2）预埋件防腐防锈处理应在预埋件所有焊接工艺完工后进行，不能先镀锌后焊接。

（3）防腐防锈要有设计要求，内容包含防锈镀锌工艺、材料及厚度等。

图 8-8　成品预埋件

（4）预埋件在运输过程中要注意保护，防止对镀锌层破坏。

（5）防腐防锈处理完成的成品预埋件参见图 8-8。

8.2.5 预埋件锚固

预埋件锚固有锚板锚固、钢筋弯折锚固、钢板焊接锚固、机械焊接锚固及穿筋锚固等几种方式。

（1）锚板锚固可参见图 8-9。

（2）钢筋弯折锚固可参见图8-10。

图8-9　锚板锚固

图8-10　钢筋弯折锚固

（3）钢板焊接锚固可参见图8-11。

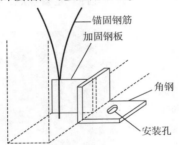

图8-11　钢板焊接锚固

（4）机械焊接锚固可参见图8-12。

（5）穿筋锚固可参见图8-13。

图8-12　机械焊接锚固

图8-13　穿筋锚固

8.2.6 预埋件验收

1. 预埋件检验方法

（1）预埋件的验收应按照图纸设计要求进行全数检验。

（2）无论对外委托加工的预埋件，还是自己工厂加工的预埋件都应当由质检员进行检验，合格后方可使用。

（3）对外委托加工的预埋件需要厂家提供材质单及质量证明书，必要时应进行材质检验。

（4）预埋件检验要填写检验记录。

2. 预埋件外观检查

（1）焊接而成的预埋件要对焊缝进行检查。

（2）有防腐防锈要求的预埋件要对镀锌层进行检查。

3. 预埋件允许偏差

预埋件加工允许偏差应符合《装标》中 9.4.4 条款的规定，见表 8-2。

表 8-2　预埋件加工允许偏差

项次	项目		允许偏差	检验方法
1	预埋件锚板的边长		0，−5	用钢尺量测
2	预埋件锚板平整度		1	用钢尺和塞尺量测
3	锚筋	长度	10，−5	用钢尺量测
		间距偏差	±10	用钢尺量测

第9章　钢筋骨架入模作业

预制构件的钢筋制作有一个非常重要的特点，就是钢筋骨架大都是加工成型后入模，而不是在模台上直接绑扎，尤其是流水线工艺，更需要尽最大可能减少在模台上工作的环节和时间，这样可以大大提高模台及整个生产线的效率。本章介绍钢筋骨架入模工艺流程（9.1）、钢筋骨架入模操作规程（9.2）、套筒、预埋件定位（9.3）、伸出钢筋定位（9.4）及伸出钢筋孔的封堵（9.5）。

9.1　钢筋骨架入模工艺流程

钢筋骨架入模工艺流程见图 9-1。

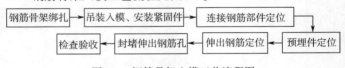

图 9-1　钢筋骨架入模工艺流程图

9.2　钢筋骨架入模操作规程

1. 钢筋骨架入模作业

（1）钢筋网和钢筋骨架在整体装运、吊装就位时，应采用多吊点起吊方式，防止发生扭曲、弯折、歪斜等变形。

（2）每一种钢筋骨架入模前都要进行试吊运，检查是否因吊装而发生变形，如有变形可以增加临时加固措施，入模后再行拆除。

（3）吊点应根据钢筋网和钢筋骨架的尺寸、重量及刚度而定，宽度大于 1m 的水平钢筋网宜采用四点起吊，跨度小于6m的钢筋骨架宜采用两点起吊，跨度大、刚度差的钢筋骨架宜采用横吊梁（铁扁担）四点起吊（图9-2）或吊架多点起吊。

（4）为了防止吊点处钢筋受力变形，宜采取兜底吊或增加辅助用具。

图9-2　柱钢筋骨架四点吊
（带辅助底模）

（5）钢筋骨架入模时，钢筋应平直、无损伤，表面不得有油污，且应轻放，防止变形。

（6）钢筋骨架入模后，还应对叠合部位的主筋和构造钢筋进行保护，防止外露钢筋在混凝土浇筑过程中受到污染，而影响到钢筋的握裹强度，已受到污染的部位须及时清理，见图9-3～图9-5。

图9-3　叠合梁钢筋保护　　　图9-4　叠合楼板桁架筋保护

2. 钢筋骨架入模定位

钢筋骨架入模后，在四周插入与保护层厚度相当的木板进行定位，伸出钢筋位置、尺寸要用专用的定位架进行定位，见图 9-6。

图 9-5　叠合阳台伸出主筋套管保护　　　图 9-6　伸出钢筋定位

3. 布置、安放钢筋间隔件

选用和布置、安放钢筋间隔件（混凝土保护层垫块）应符合《混凝土结构用钢筋间隔件应用技术规程》JGJ/T 219 的相关规定。

（1）在预制构件生产中，正确选用钢筋间隔件有以下几个要点：

1）常用的钢筋间隔件有塑料类钢筋间隔件（图 9-7）、水泥基类钢筋间隔件（图 9-8）、金属类钢筋间隔件三种，需根据不同的使用功能和位置正确选择和使用钢筋间隔件，一般预制构件制作不宜采用金属类钢筋间隔件。

图 9-7　环形塑料间隔件

图 9-8　水泥基类间隔件

2）钢筋间隔件应具有足够的承载力、刚度，梁、柱等预制构件竖向间隔件的安放间距应根据间隔件的承载力和刚度确定，并应满足被间隔钢筋的变形控制要求。

3）塑料类钢筋间隔件和水泥基类钢筋间隔件可作为预制构件表层间隔件。

4）梁、柱、楼梯、墙等预制构件，宜采用水泥基类钢筋间隔件作为竖向间隔件。

5）立式模具制作预制构件的水平表层间隔件宜采用环形间隔件，竖向间隔件宜采用水泥基类钢筋间隔件。

6）清水混凝土预制构件的表层间隔件应根据功能要求进行专项设计。

（2）预制构件生产，布置和安放钢筋间隔件的方法如下：

1）钢筋骨架入模前应将钢筋间隔件固定在钢筋骨架上，间隔件的布置间距与预制构件高度、钢筋重量有关。

2）钢筋间隔件的布置间距和安放方法应符合设计和规范要求。

3）板类预制构件的表层间隔件宜按阵列式放置在纵横钢筋的交叉点位置，一般两个方向的间距均不宜大于 0.5m。

4）墙板类预制构件的表层间隔件应采用阵列式放置在最外层受力钢筋处，水平与竖向安放间距不应大于 0.5m。

5）梁类预制构件的竖向表层间隔件应放置在最下层受力钢筋下面，同一截面宽度内至少布置两个竖向表层间隔件，间距不宜大于 1.0m；梁类水平表层间隔件应放置在受力钢筋侧面，间距不宜大于 1.2m。

6）柱类预制构件（卧式浇筑）的竖向表层间隔件应放置在纵向钢筋的外侧面，间距不宜大于 1.0m。

7）预制构件生产中，钢筋间隔件的布置应根据实际情况进行调整确定。

8）凹形混凝土间隔件应将凹口朝向钢筋，不能放反了。

9.3 套筒、预埋件定位

预制构件上所有的套筒、孔洞内模、金属波纹管、预埋件等，安装位置都要做到准确，并满足方向性、密封性、绝缘性和牢固性等要求。紧贴模板表面的预埋件，一般采用在模板上的相应位置上开孔后用螺栓固定的方法；不在模板表面的，一般采用工装架形式进行定位固定。

1. 套筒的固定

（1）套筒与受力钢筋连接，钢筋要伸入全灌浆套筒定位销处（半灌浆套筒为钢筋拧入），套筒另一端与模具上的定位组件连接牢固。

（2）套筒安装前，先将固定组件（图9-9）加长螺母卸下，将固定组件的专用螺杆从模板内侧插入并穿过模板固定孔（直径 $\phi 12.5 \sim 13mm$ 的通孔），然后在模板外侧的螺杆一端装上加长螺母，用手拧紧即可，见图9-10。

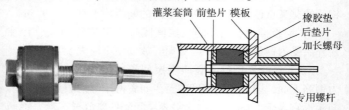

图9-9 灌浆套筒固定组件　　图9-10 灌浆套筒与模板固定示意

（3）套筒与固定组件的连接。套筒固定前，先将套筒与钢筋连接好，再将套筒灌浆腔端口套在已经安装在模板的固定组件橡胶垫端。拧紧固定时，使套筒灌浆腔端部以及固定组件后垫片均紧贴模板内壁，然后在模板外侧用两个扳手，一个卡紧专用螺杆尾部的扁平轴，一个旋转拧紧加长螺母，直至前后垫片将橡胶垫压缩变鼓（膨胀塞原理），使橡胶垫与套筒内腔壁紧密配合，而形成连接和密封。

（4）要注意控制灌浆套筒及连接钢筋的位置及垂直度，预制构件浇筑振捣作业中，应及时复查和纠正，因为振捣棒高频振动可能引起的套筒或套筒内钢筋跑位的现象。

（5）要注意不应对套筒固定组件专用螺杆施加侧向力，以免弯曲。

2. 金属波纹管的固定

（1）对金属波纹管进行固定，要借助专用的孔形定位套销组件。采用金属波纹管先和孔形定位套销定位，孔形定位套销再和模板固定的方法，见图 9-11。

（2）孔型定位套销组件由定位芯棒、出浆孔销、灌浆孔销组成，安装金属波纹管时，定位芯棒穿过模板并固定，将金属波纹管套进芯棒后封闭金属波纹管末端，以防止漏浆，见图 9-12。

图 9-11　金属波纹管的固定

图 9-12　孔型定位套销组件固定金属波纹管

3. 孔洞内模的固定

（1）按孔洞内模内径偏小 1 ~ 1.5mm 加工带倒角的定位圆形板，见图 9-13。

（2）固定竖向孔洞内模时，将定位板 A 焊接或螺栓紧固到模台上，孔洞内模安装后水平方向就位，再利用长螺栓穿过定位板 B 与定位板 A 紧固在一起，孔洞内模垂直方向就位。固定横向孔洞内模时亦采用相同方法进行，见图 9-14。

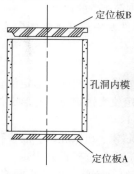

图 9-13　固定孔洞内模
截面示意图

图 9-14　固定孔洞内模方法

4. 预埋件的固定

预埋件要固定牢靠，防止浇筑混凝土振捣过程中出现松动偏位，见图 9-15 和图 9-16。

5. 定位检查

预制构件生产前，

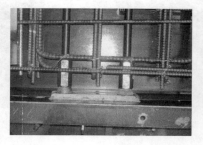

图 9-15　预埋螺栓固定方法

图 9-16　预埋连接件固定方法

必须做好隐蔽工程的验收工作，检查套筒、金属波纹管、孔洞内模、预埋件的数量和位置是否符合图纸要求，其次要检查安装是否到位，是否牢固，用于固定组件的螺栓等是否紧固到位等。

9.4　伸出钢筋定位

从模具伸出的钢筋位置、数量、尺寸等必须要符合图纸要求。一般在侧模的相应位置开槽或开孔将伸出钢筋引出，在伸出钢筋的远端采用钢制或木质定位架固定，以防在混凝土成型时伸出钢筋出现偏位现象，见图 9-17 和图 9-18。

图 9-17　伸出钢筋支撑定位

图 9-18　伸出钢筋定位

9.5　伸出钢筋孔的封堵

带有伸出钢筋的预制构件往往采用在模具上钢筋伸出的部位开孔或开槽的方法使钢筋伸出，这样就势必造成孔口或槽口易漏混凝土水泥浆，所以就要求封堵出筋孔。

1. 封堵伸出钢筋孔口或槽口的作用

（1）封堵出筋孔能确保伸出钢筋定位准确（图9-19）。为保证施工的可操作性，通常会将钢筋伸出孔开得比钢筋直径略大，这就造成了伸出钢筋位置会产生偏差，通过封堵钢筋伸出孔或槽，使伸出钢筋的位置偏差达到设计和规范要求。

（2）防止在出筋孔位置溢出混凝土（图9-20）。混凝土振捣时容易在出筋孔或出筋槽口产生漏浆，封堵出筋孔或出筋槽口能减少或避免漏浆。

图 9-19　伸出钢筋孔口用环形
橡胶堵头封堵

图 9-20　伸出钢筋上部
开口槽口用塑料卡片封堵

2. 封堵伸出钢筋孔口或槽口的方法

封堵伸出钢筋孔口或槽口通常有以下几种方法：

（1）伸出钢筋孔通常采用圆环形橡胶堵头从出筋套入后嵌入出筋与出筋孔之间的缝隙，见图9-19；还有一种方法是在开模时配做金属卡片封堵出筋孔，见图9-21，这种方式多用于较大的出筋孔的封堵。

（2）上部开口的伸出钢筋槽（如叠合板的出筋槽口，见图9-20），多采用塑料卡片进行封堵。

（3）上部不开口的伸出钢筋槽（如墙板的出筋槽口），则多采用圆形泡沫棒进行封堵，但这种方法的效果有时不太理想，见图9-22。

图9-21　伸出钢筋孔口用　　　　图9-22　伸出钢筋上部不开口
　　　金属卡片封堵　　　　　　　　槽口用圆形泡沫棒封堵

第10章 钢筋、套筒、预埋件等隐蔽工程验收

预制构件隐蔽工程施工质量是预制构件质量合格的重要基础和保障。传统隐蔽工程验收都是在工地进行的，在工厂进行预制构件隐蔽工程验收是一种全新的作业模式。由于装配式混凝土建筑结构钢筋的主体是在工厂制作完成的，钢筋连接的主要部件也是在工厂预埋在混凝土中的，所以，预制构件隐蔽工程验收便成为质量验收工作中的最重要环节，工厂应在工程隐蔽前对预制构件中的钢筋、灌浆套筒、浆锚搭接和预埋件等隐蔽项目按照现行国家标准《混凝土结构工程施工及验收规范》（GB 50204—2015）的相关规定进行质量验收。本章介绍隐蔽工程验收内容（10.1）、隐蔽工程验收程序（10.2）、隐蔽工程验收记录（10.3）以及钢筋工程质量标准（10.4）。

10.1 隐蔽工程验收内容

本章主要介绍预制构件钢筋、灌浆套筒、浆锚搭接和预埋件等方面的隐蔽工程验收，预制构件其他方面的隐蔽工程验收在《构件制作》一书有详细介绍。

1. 钢筋验收内容

（1）品种、等级、规格、长度、数量及布筋间距。

（2）钢筋的弯心直径、弯曲角度、平直段长度。

（3）每个钢筋交叉点均应绑扎牢固，绑扣宜八字开，绑丝头应平贴钢筋或朝向钢筋骨架内侧。

（4）拉钩、马凳或架起钢筋应按规定的间距和形式布置

并绑扎牢固。

（5）钢筋骨架底面、侧面及上面的钢筋保护层厚度，保护层隔离垫块的布置形式、数量。

（6）伸出钢筋的伸出位置、伸出长度、伸出方向，定位措施是否有效、可靠。

（7）钢筋端头预制螺纹的，螺纹的螺距、长度、牙形，保护措施是否有效。

（8）露出混凝土外部的钢筋上是否设置了遮盖物。

（9）钢筋的连接方式、连接质量、接头数量和位置。

（10）加强筋的布置形式、数量状态。

2. 灌浆套筒验收内容

（1）灌浆套筒种类、规格、尺寸。

（2）灌浆套筒与模具固定位置和平整度。

（3）半灌浆套筒与钢筋连接套丝的长度。

（4）灌浆套筒端部封堵情况。

（5）钢筋插入灌浆套筒的锚固长度是否符合灌浆套筒参数要求。

（6）灌浆孔和出浆孔是否有堵塞。

（7）灌浆套筒的净距是否满足要求。

（8）灌浆套筒处箍筋保护层厚度是否满足规范要求。

3. 浆锚搭接验收内容

（1）金属波纹管材质、规格、长度。

（2）金属波纹管的表面质量，有无漏点和脱焊。

（3）灌浆孔、出浆孔的开孔质量和孔销的安装状态。

（4）金属波纹管内端插入钢筋的深度和端口的封闭情况。

（5）金属波纹管外端在模板上的安装、固定情况。

4. 预埋件（预留孔洞）验收内容

（1）预埋件（预留孔洞）的品种、型号、规格、数量，成排预埋件的间距。

（2）预埋件有无明显变形、损坏，螺纹、丝扣有无损坏。

（3）预埋件的空间位置、安装方向是否正确。

（4）预留孔洞的位置、尺寸、垂直度、固定方式是否正确。

（5）预埋件的安装形式，安装是否牢固、可靠。

（6）垫片、龙眼等配件是否已安装。

（7）预埋件上是否存在油脂、锈蚀等附着物。

（8）预埋件底部及预留孔洞周边的加强筋规格、长度，加强筋固定是否牢固可靠。

（9）预埋件与钢筋、模具的连接是否牢固可靠。

（10）橡胶圈、密封圈等是否安装到位。

10.2 隐蔽工程验收程序

预制构件工厂的隐蔽工程验收，特别是流水线生产工艺的隐蔽工程验收与工地的隐蔽验收是一种完全不同的作业模式，隐蔽验收需要与流水作业同步进行。隐蔽验收应建立影像和书面验收档案，应有监理在场参加验收。

隐蔽工程验收应在混凝土浇筑之前由专业质检人员进行，未经隐蔽工程验收不得进行浇筑混凝土作业，隐蔽工程验收的程序见图 10-1。

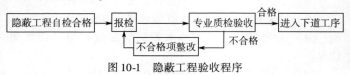

图 10-1　隐蔽工程验收程序

预制构件生产过程中应坚持操作人员自检、班组人员互检、专业质检验收的三级质量管理体系。要依据图纸和标准进行检查，并要配备专业的检查工具。

1. 自检

操作人员完成作业后，首先要自行进行质量检查。

2. 互检

上一道工序移交给下一道工序时，接收方要对前道工序的施工质量进行检查，并对检查结果进行记录及签字。

3. 报检

生产班组负责人应将报检的预制构件型号、模台号、生产班组等信息告知专业质检员。

4. 专业质检验收

专业质检员根据报检信息的验收内容和相关要求及时进行验收。

5. 不合格项整改

如果存在不合格项，应进行整改，整改后再次进行验收，直至合格方可进入下道工序。

6. 保存影像资料

验收合格后浇筑混凝土前进行拍摄，保存好影像资料。

10.3 隐蔽工程验收记录

隐蔽工程验收需要提供文件与记录，以保证工程质量实现可追溯性的基本要求。专业质检员应根据验收的最终结果做好验收记录，验收记录包括隐蔽工程验收表（表10-1）和预制构件制作过程检测表（表10-2）。

表 10-1　隐蔽工程验收表

检查项目	判定	
1. 平台面清扫	合格	否
2. 模板尺寸及安装状态	合格	否
3. 饰面弹线尺寸	合格	否
4. 瓷砖类别及颜色	合格	否
5. 瓷砖加工状态	合格	否
6. 瓷砖缝宽度及深度	合格	否
7. 瓷砖铺设后有无表面起伏	合格	否
8. 脱模剂涂刷状态	合格	否
9. 钢筋骨架加工与钢筋翻样图一致	合格	否
10. 钢筋保护层有无不足（包括绑丝）	合格	否
11. 钢筋的绑扎状态（包括加强筋）	合格	否
12. 垫块数量	合格	否
13. 预埋件种类、数量及安装位置	合格	否
14. 灌浆套筒的型号数量及位置	合格	否
15. 预埋件的固定状态	合格	否
16. 叠合筋的焊接状态	合格	否
17. 伸出钢筋的数量、位置及长度	合格	否
检查者（签名）		

隐蔽工程验收

170

预制构件编号：

表 10-2　预制构件制作过程检测表

序号	检测部位	检测项目及结果 (合格-√;不合格-×)		检测方法及要求	检测结果 (合格/需整改)	检测人员
1	模具	□长度，□截面尺寸，□对角线差，□侧向弯曲，□翘曲，□底模表面平整度，□组装缝隙，□端模与侧模高低差		参见上海市现行地方标准《装配整体式混凝土结构预制构件制作与质量检验规程》DGJ 08—2069		
2	面砖、石材	□面砖颜色，□表面平整度，□阳角方正，□上下平直，□接缝平直；□接缝深度，□接缝宽度				
3	钢筋制品	钢筋网片	□长，宽；□网眼尺寸			
		钢筋骨架	□长，□宽，□高			
		受力钢筋	□间距，□排距，□保护层			
		□钢筋、横向钢筋同距				
		□钢筋弯起点位置				

序号	检测部位	检测项目及结果（合格-√；不合格-×）		检测方法及要求	检测结果（合格/需整改）	检测人员
4	预埋件和预留孔洞	预埋钢筋锚固板	□中心线位置，□安装平整度	参见上海市现行地方标准《装配整体式混凝土结构预制构件制作与质量检验规程》DCJ 08—2069		
		预埋管、预留孔	□中心线位置，□孔尺寸			
		门窗口	□中心线位置，□宽度，□高度			
		插筋	□中心线位置，□外露长度			
		预埋吊环	□中心线位置，□外露长度			
		预留洞	□中心线位置，□尺寸			
		预埋螺栓	□螺栓中心线位置，□螺栓外露长度			
5	门窗	钢筋套筒	□中心线位置，□平整度			
		门窗	□门窗框方向，□锚固胸片，□门窗框位置，□门窗框高、宽，□门窗框对角线，□门窗框的平整度			

整改内容	检验结论
	质检员： 年　月　日

10.4 钢筋工程质量标准

钢筋工程质量标准应符合《混凝土结构工程施工质量验收规范》（GB 50204—2015）的规定。钢筋安装质量标准包括以下主要内容：

（1）钢筋安装时，受力钢筋的牌号、规格和数量必须符合设计要求。

检查数量：全数检查。

检验方法：观察，尺量。

（2）钢筋应安装牢固。受力钢筋的安装位置、锚固方式应符合设计要求。

检查数量：全数检查。

检验方法：观察，尺量。

（3）钢筋安装偏差及检验方法应符合表10-3的规定，受力钢筋保护层厚度的合格点率应达到90%及以上，且不得有超过表中数值1.5倍的尺寸偏差。

表10-3 钢筋安装允许偏差和检验方法

项　　目		允许偏差/mm	检验方法
绑扎钢筋网	长、宽	±10	尺量
	网眼尺寸	±20	尺量连续三档，取最大偏差值
绑扎钢筋骨架	长	±10	尺量
	宽、高	±5	尺量
纵向受力钢筋	锚固长度	−20	尺量
	间距	±10	尺量两端、中间各一点，取最大偏差值
	排距	±5	

项　　目		允许偏差/mm	检验方法
纵向受力钢筋、箍筋的混凝土保护层厚度	基础	±10	尺量
	柱、梁	±5	尺量
	板、墙、壳	±3	尺量
绑扎箍筋、横向钢筋间距		±20	尺量连续三档，取最大偏差值
钢筋弯起点位置		20	尺量
预埋件	中心线位置	5	尺量
	水平高差	+3,0	塞尺量测

注：检查中心线位置时，沿纵、横两个方向量测，并取其中偏差的较大值。

检查数量：在同一检验批内，对梁、柱和独立基础，应抽查构件数量的10%，且不应少于3件；对墙和板，应按有代表性的自然间抽查10%，且不应少于3间；对大空间结构，墙可按相邻轴线间高度5m左右划分检查面，板可按纵、横轴线划分检查面，抽查10%，且均不应少于3面。

第11章 预制构件存放、运输时外露钢筋的保护措施

有些预制构件，包括预制叠合楼板、预制墙板、预制柱、预制梁、与钢结构连接的预制楼梯等都有外露钢筋，在存放、运输过程中需要对外露钢筋进行保护。本章介绍预制构件存放时外露钢筋的保护措施（11.1）以及预制构件运输时外露钢筋的保护措施（11.2）。

11.1 预制构件存放时外露钢筋的保护措施

预制构件存放过程中外露钢筋应采取防弯折和防腐、防锈措施。

1. 预制构件外露钢筋防弯折措施

（1）预制构件必须按设计要求进行存放。

1）预制构件应按规格、种类有序存放（图11-1），避免因混放、无序存放造成外露钢筋被碰撞而导致弯折。

图11-1 预制构件按规格种类有序存放

2）预制构件存放应有合理的安全距离（图11-2），避免吊装、倒运过程中外露钢筋互相干扰、刮碰，造成外露钢筋弯折。

图 11-2　预制构件存放应有合理的安全距离

3）墙板类预制构件，需按要求使用托架、靠放架、插放架等存放，见图 11-3，妥善保护外露钢筋。

4）预制构件在驳运、存放过程中起吊和摆放时，需轻起慢放，避免损坏外露钢筋。

图 11-3　墙板使用插放架存放

（2）容易产生弯折的预制构件外露钢筋及防护

1）横向伸出较长钢筋没有支撑情况下，由于自身重量容易下弯，应该设置支撑，见图 11-4。

2）主梁侧面伸出

图 11-4　伸出较长的钢筋没有支撑可能造成下弯

与次梁连接的钢筋，一般较细、较长，存放、运输过程特别容易弯折或损伤到其他预制构件，见图 11-5，存放及运输作业都要精心细致。

图 11-5　梁侧面细长的伸出钢筋

3）双向叠合板侧面伸出的钢筋又长又细，存放、运输时要做好防护，并精心作业。

4）剪力墙，特别是夹芯保温板外叶板伸出的拉结件的固定钢丝等，都属于易损坏的伸出筋，需要注意防护。

2. 预制构件外露钢筋防腐防锈措施

对无法立即安装使用的预制构件的外露钢筋应采取防腐防锈措施。

（1）外露钢筋采用防锈漆或掺胶水泥进行多遍涂刷，见图 11-6，用保护膜胶带缠绑牢固，对已套丝的直螺纹钢筋盖好保护帽或端头用胶带包好（图 11-7）以防碰坏螺纹，达到防腐、防锈的效果。

图 11-6　用防锈漆涂刷
伸出钢筋

图 11-7　对伸出钢筋端头预制螺纹做好保护

（2）外露钢筋表面禁止被油脂、油漆等污染。

11.2　预制构件运输时外露钢筋的保护措施

预制构件运输过程中外露钢筋应避免弯折、变形，须采取以下保护措施：

（1）根据预制构件特点采用可靠合理的装车和运输方式（图 11-8

图 11-8　剪力墙板运输

和图 11-9），保证外露钢筋不受到碰撞、挤压。

图 11-9　柱子运输

（2）装车计算时，一定要将伸出钢筋的长度计算在预制构件的总尺寸范围内。

（3）应采取防止预制构件移动、倾斜、变形等的固定措施，防止外露钢筋受碰撞导致弯折变形。

（4）应采用保护衬垫防止预制构件间碰撞，导致外露钢筋损坏。

（5）夜间运输预制构件时，伸出钢筋边缘处应粘贴反光带，避免损坏伸出钢筋甚至引发交通事故。

（6）叠合楼板装车和运输应满足设计和规范要求，避免外露的桁架筋弯折，图11-10为桁架筋被压弯的实例。

图11-10　桁架筋被压弯

第12章　工地现场钢筋加工作业

工地钢筋加工是装配式混凝土建筑施工的一个重要环节，加工质量的好坏直接影响到装配式混凝土建筑主体结构的质量。本章介绍工地现场钢筋加工要点（12.1）、现浇混凝土伸出钢筋定位（12.2）、后浇混凝土钢筋连接操作规程（12.3）、钢筋机械套筒连接作业操作规程（12.4）、钢筋灌浆套筒连接作业操作规程（12.5）及预埋螺母螺纹连接作业操作规程（12.6）。

12.1　工地现场钢筋加工要点

工地现场钢筋加工应严格按照设计或相关要求进行作业，工地钢筋加工的要点如下：

（1）使用的钢筋原材质量应符合相关标准要求。

（2）盘卷钢筋加工前应经调直且无损伤或死弯。

（3）钢筋下料时，不带弯钩的钢筋下料长度偏差为 $\pm 10\text{mm}$，带弯钩及弯折的钢筋下料长度偏差为 $\pm 1d$（d 为钢筋直径）。

（4）钢筋弯制应严格按钢筋大样图控制成型质量，弯心及弯钩应满足设计要求，设计无要求时，应符合下列规定：

1）所有受拉热轧光圆钢筋的末端应做成 $180°$ 的半圆形弯钩，弯钩的弯曲直径 d_m 不得小于 $2.5d$，钩端应留有不小于 $3d$ 的直线段，见图 12-1。

2）受拉热轧带肋（月牙肋、等高肋）钢筋的末端应采用直角形弯钩，钩端的直线段长度不应小于 $3d$，直钩的弯曲直径 d_m 不得小于 $5d$，见图 12-2。

图 12-1　半圆形弯钩示意图　　图 12-2　直角形弯钩示意图

3）弯起钢筋应弯成平滑的曲线，其曲率半径不宜小于钢筋直径的 10 倍（光圆钢筋）或 12 倍（带肋钢筋），见图 12-3。

4）使用光圆钢筋制成的箍筋，其末端应有弯钩（半圆形、直角形或斜弯钩），见图 12-4；弯钩的弯曲内直径应大于受力钢筋直径，且不应小于箍筋直径的 2.5 倍；弯钩平直部分的长度一般为：一般结构不宜小于箍筋直径的 5 倍，有抗震要求的结构不应小于箍筋直径的 10 倍。

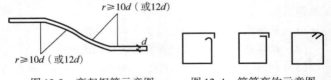

图 12-3　弯起钢筋示意图　　图 12-4　箍筋弯钩示意图

12.2　现浇混凝土伸出钢筋定位

现浇混凝土伸出钢筋是连接本层与上层混凝土结构的关键点，为确保层间结构能按设计要求有效、可靠地连接，对现浇混凝土伸出钢筋的定位的要求比较严格，一般包括中心位置定位、相对位置定位以及伸出长度定位。

1．中心位置定位

中心位置定位就是确定钢筋的绝对位置，应根据施工图上的基准点位置或控制线、控制点经测量后确定伸出钢筋的绝对位置。

2. 相对位置定位

相对位置定位就是指在某个指定范围内，根据预定的间距或尺寸固定每根伸出钢筋的相对位置，施工中通常采用模胎、模架等器具来确定钢筋的相对位置，见图 12-5。

图 12-5　用模架定位伸出钢筋的相对位置

3. 伸出长度定位

伸出长度定位多用于现场与预制构件套筒相对应的伸出钢筋的定位，伸出长度不足会影响连接强度，伸出长度过长又会增加后续作业的工作量（截断）。钢筋伸出长度通常通过标高基准点放线后测量伸出钢筋超出标高基准线的长度来确定。

12.3　后浇混凝土钢筋连接操作规程

（1）将预制构件伸出钢筋按要求整形。

（2）根据节点图要求布置钢筋。

（3）钢筋的连接宜优先采用闪光对焊，条件受限时，也可采用电弧焊、机械连接或搭接绑扎（图12-6）。不论采用何种接头形式，接头的质量及同一截面的接头数量均应满足标准要求。受拉主筋不得采用搭接绑扎。

图 12-6　钢筋连接形式

（4）现浇部位钢筋连接时，应严格按照设计图进行布筋及施工，绑扎或焊接的质量应符合相关要求。

（5）预制构件的伸出钢筋与现浇部位的钢筋连接应严格按照节点详图进行施工，见图12-7。

（6）钢筋骨架及楼面钢筋网拼装时应按设计

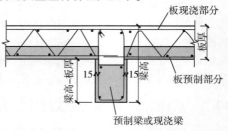

图 12-7　预制构件伸出钢筋与现浇部位的连接节点示意图

图纸放大样，同时还应考虑焊接变形并预留拱度。

（7）钢筋的交叉点应用铁丝绑扎结实，必要时，亦可用点焊焊牢，不得在已经绑扎好的钢筋网上上踩踏或放置重物。

（8）封模或浇筑前，钢筋骨架四周或底部应绑好垫块，以保证其应有的保护层厚度。

12.4　钢筋机械套筒连接作业操作规程

钢筋机械套筒连接是建筑结构中常用的钢筋连接形式，采用较多的有套筒挤压连接和螺纹套筒连接，见图12-8。

图 12-8　钢筋机械套筒连接形式

12.4.1　套筒挤压连接操作规程

套筒挤压连接是把两根待接钢筋的端头先插入一个套筒内，然后用挤压设备在侧向加压数道，套筒塑性变形后即与带肋钢筋紧密咬合达到连接的目的，套筒挤压连接质量稳定性好，连接后可与母材等强。

套筒挤压连接操作规程为：

（1）加工套筒挤压接头的操作人员应经专业培训，合格后方可上岗。

（2）钢套筒挤压连接开始前，应对每批进场钢筋进行挤压连接工艺检验，合格后方可批量作业。

（3）清理钢筋端头的铁锈、油污等，如端头有变形，应先矫正或打磨整形。

（4）在钢筋端部画出定位标记与检查标记，定位标记与钢筋端头的距离为套筒长度的一半。

（5）用于连接钢筋的套筒应与被连接钢筋的规格相匹配。

（6）套筒挤压连接宜先在地面上挤压一端套筒，在施工作业区插入待接钢筋后再挤压另一端套筒。钢筋插入套筒的深度应以定位标记为准。

（7）液压钳就位时，应对正套筒压痕位置的标记，并使压模运动的方向与钢筋轴线相垂直。

（8）液压钳的施压顺序应由套筒的中部顺次向端部进行，每次施压时要控制压痕深度。

（9）挤压后套筒外的压痕道数应符合型式检验确定的道数，且不得有肉眼可见的裂缝。

（10）挤压后的套筒长度应为其原始长度的 1.10 ~ 1.15 倍，或压痕处套筒的外径为其原始外径的 0.8 ~ 0.9 倍。

（11）钢筋套筒挤压接头每 500 个为一批，按《钢筋机械连接通用技术规程》进行外观质量检查和单向拉伸试验，结果均应合格。

12.4.2 螺纹套筒连接操作规程

螺纹套筒连接是指将待连接的两根钢筋端头按要求制作螺纹后拧入螺纹套筒内，通过螺纹的咬合达到连接的目的，常见的有锥螺纹连接、直螺纹连接和镦粗直螺纹连接等。

螺纹套筒连接的操作规程为：

（1）加工螺纹套筒接头的操作人员应经专业培训合格后

方可上岗。

（2）螺纹套筒连接开始前，应进行连接工艺检验，合格后方可批量作业。

（3）钢筋下料时，应采用无齿锯切割。端头截面应与钢筋轴线垂直并不得翘曲。

（4）钢筋端部应切削或镦平后加工螺纹，加工的钢筋螺纹丝头、牙形、螺距等必须与螺纹套筒的螺纹相匹配；锥螺纹丝头的锥度应与套筒内螺纹的锥度相匹配。

（5）钢筋的丝头长度应满足设计要求，加工好的钢筋螺纹丝头应加以保护。

（6）将螺纹套筒拧在一根钢筋的丝头上，用扭力扳手拧紧至规定的力矩。

（7）在施工作业区将待连接的钢筋拧入螺纹套筒另一端，用扭力扳手拧紧至规定的力矩。

（8）标准型接头安装后外露螺纹不宜超过2P（P为螺纹的丝扣距）。

（9）螺纹套筒连接应按批次进行拧紧力矩检验和单向拉伸试验并合格。

12.5 钢筋灌浆套筒连接作业操作规程

有些设计会在横向的钢筋连接（如梁主筋的连接）中使用灌浆套筒连接的形式，见图12-9。横向钢筋灌浆套筒连接是将待连接的两根钢筋端头插入到灌浆套筒内，并向灌浆套筒空腔灌入灌浆料拌合物（图12-10），通过灌浆料拌合物的胶结作用，使两端连接的钢筋成为一个整体的方法。

图 12-9　梁主筋采用灌浆
　　　　套筒连接

图 12-10　向灌浆套筒
　　内灌入灌浆料拌合物

灌浆套筒连接的操作规程为：

（1）将所需数量的梁端箍筋套入其中一根梁的钢筋上。

（2）在待连接的两端钢筋上套入橡胶密封圈。

（3）将灌浆套筒的一端套入其中一根梁的待连接钢筋上，直至不能套入为止。

（4）移动另一侧梁，将连接端的钢筋插入到灌浆套筒中，直至不能伸入为止。

（5）将两端钢筋上的密封胶圈嵌入灌浆套筒端部，确保胶圈外端面与套筒端面齐平。

（6）将套入的箍筋按图纸要求均匀分布在连接部位外侧并逐道绑扎牢固。

（7）在确保两边梁连接平直的状态下，向每个灌浆套筒中灌满灌浆料拌合物并保持两边梁的位置不变。

（8）直到灌浆套筒内的灌浆料拌合物强度达到设计要求的强度后方可进行其他作业。

（9）灌浆套筒连接接头应按批次进行对中抗拉试验并检测合格。

12.6 预埋螺母螺纹连接作业操作规程

有些地区，非承重构件的钢筋连接采用预埋螺母的连接方式，现场施工时在钢筋端部加工螺纹后与预埋的螺母进行连接。

预埋螺母螺纹连接的操作规程为：

（1）根据预埋螺母的螺纹参数，在待连接钢筋的端部加工与之匹配的螺纹。

（2）逐根将钢筋螺纹端与预埋的螺母连接，使用工具拧紧至规定的扭矩。

（3）按要求安装并绑扎好箍筋及其他的钢筋。

除上面所讲的几种连接方式外，采用伸入支座的锚固板连接时，应根据预制构件伸出钢筋的位置、间距等确定锚固板安装、焊接的施工顺序。此外还有诸如绑扎连接和焊接等，与常规的现浇混凝土结构作业相同，此处不再赘述。

第13章　工地现浇混凝土隐蔽工程验收

工地现浇混凝土隐蔽工程一旦完成隐蔽，将很难再对其进行质量检查，因此必须在隐蔽前进行检查验收。本章介绍隐蔽工程验收内容（13.1）、隐蔽工程验收程序（13.2）及隐蔽工程验收记录（13.3）。

13.1　隐蔽工程验收内容

在装配式混凝土建筑中，基础、首层、转换层、裙楼、顶层等部位的现浇混凝土，就叫"现浇混凝土"；预制构件安装后在预制构件连接区或叠合层的现浇混凝土叫"后浇混凝土"。装配式混凝土建筑的隐蔽工程验收分为现浇混凝土隐蔽工程验收和后浇混凝土隐蔽工程验收。

1. 现浇混凝土隐蔽工程验收

一般首层、转换层的现浇混凝土隐蔽工程验收都在预制构件安装前进行，主要验收下列内容：

（1）配置钢筋的数量，特别是用于连接上层预制构件伸出钢筋的数量。

（2）钢筋的品种、规格、间距、箍筋弯钩的弯折角度及平直段长度。

（3）钢筋的连接方式、接头位置、接头数量、接头面积百分率、搭接长度、锚固方式、锚固长度。

（4）钢筋的位置和长度，特别是用于连接上层预制构件伸出钢筋的位置和长度。

（5）钢筋质量应满足相关规范要求，表面不得有浮锈、油污等。

（6）预埋件、线管、避雷扁铁的安装质量，包括位置、长度、连接质量等。

（7）预留管线的规格、位置、数量。

（8）其他隐蔽工程项目。

2. 后浇混凝土隐蔽工程验收

装配式混凝土结构连接节点及叠合预制构件的后浇混凝土隐蔽工程验收是在预制构件安装后进行的，主要验收内容包括：

（1）混凝土粗糙面的质量，键槽的尺寸、位置、数量。

（2）钢筋品种、规格、数量、位置、间距、箍筋弯钩的弯折角度及平直段长度。

图 13-1　管线敷设图

（3）钢筋的连接方式、接头位置、接头数量、接头面积百分率、搭接长度、锚固方式及锚固长度。

（4）预埋件、线管、避雷扁铁等的规格、数量、位置及连接方式，见图 13-1。

（5）预制构件接缝处的防水、防火等构造做法，保温及其节点施工质量。

（6）梁与梁连接部位如采用套筒连接，应验收套筒的连接质量（图 13-2）

图 13-2　梁与梁钢筋用
灌浆套筒连接

以及钢筋的间距、密度及保护层厚度。

（7）梁与柱连接部位，应重点验收梁伸出钢筋的锚固质量，包括锚固形式、锚固长度及锚固板等，还应验收钢筋的间距、密度及保护层厚度，见图13-3。

图13-3 梁与柱连接节点钢筋隐蔽工程验收

（8）梁与板的连接部位，应重点验收钢筋的位置、间距、数量和绑扎质量。

（9）叠合梁与叠合板的连接部位，应验收搭接的长度、叠合板安装平整度、叠合板伸出钢筋在叠合梁中的锚固长度、叠合层钢筋的布筋方式等，如图13-4。

图13-4 叠合梁与叠合板连接节点隐蔽工程验收

（10）叠合板与叠合板连接部位，应验收伸出钢筋的搭接方式、搭接长度和叠合层钢筋的布筋方式、间距、数量、接头位置、绑扎质量等，见图13-5。

（11）墙板与墙板的连接部位，除应验收钢筋的位置、

图 13-5　叠合板与叠合板连接节点隐蔽工程验收

间距、数量和绑扎质量外，还应验收保温、防水、防火等构造的施工质量，见图 13-6。

（12）飘窗与现浇部位采用内置螺栓连接时，应验收螺栓数量、规格及紧固程度。

（13）夹芯保温板外叶板悬挑部分除应验收夹芯保温板的安装质量外，还应验收后浇混凝土的钢筋配置和绑扎情况等。

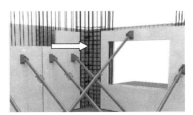

图 13-6　预制墙板后浇节点隐蔽工程验收

（14）工地现浇混凝土隐蔽工程验收的检查频率可参照《混凝土结构工程施工质量验收规范》GB 50204 中的相关条文执行。

13.2　隐蔽工程验收程序

隐蔽工程验收程序见图 13-7。

1. 承包人自检

工程具备隐蔽条件或达到专用条款约定的中间验收部位，承包人应对照施工设计、施工规范进行自检，并在隐蔽或中

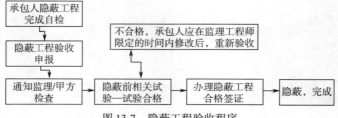

图 13-7　隐蔽工程验收程序

间验收前以书面形式通知监理工程师验收，通知包括隐蔽和中间验收的内容、验收时间和地点。

2. 监理组织验收

隐蔽工程验收应由监理工程师组织，接到承包人的请求验收通知后，监理工程师应在通知约定的时间组织相关人员与承包人共同进行验收。如检测结果表明质量验收合格，经监理工程师在验收记录上签字后，承包人可进行工程隐蔽和继续施工。如检测结果表明质量验收不合格，承包人应在监理工程师限定的时间内修改后重新验收，直到合格为止。

3. 重新检验

无论监理工程师是否参加了验收，当其对某部分工程质量有怀疑时，均可要求承包人重新检验。承包人接到通知后，应按要求进行剥离或开孔，并在检验后重新覆盖或修复。

13.3　隐蔽工程验收记录

隐蔽工程验收需要按照国家标准《混凝土结构工程施工质量验收规范》GB 50204—2015 的规定提供相关文件与记录，以保证工程质量实现可追溯性的基本要求。

（1）钢筋原材料、加工质量验收见表 13-1。

（2）钢筋连接、安装质量验收见表 13-2。

表 13-1 钢筋分项工程（原材料、钢筋加工）检验批质量验收记录

工程名称		检验批部位		施工执行标准名称及编号	
施工单位		项目经理		专业工长	
序号			施工单位检查评定记录	监理建设单位验收记录	
主控项目	原材料	1	钢筋的力学性能检查		
		2	有抗震设防要求的框架结构，纵向受力钢筋强度		
		3	钢筋的化学成分检验或其他专项检验		
	钢筋加工	4	受力钢筋的弯钩和弯折加工		
		5	非焊接封闭环式箍筋的加工		
一般项目	原材料	1	钢筋应平直、无损伤，表面不得有裂纹、油污、颗粒状或片状老锈		

（续）

一般项目	钢筋加工	2	钢筋调直宜采用机械方法，也可采用冷拉方法。当采用冷拉方法调直钢筋时，HPB300级钢筋的冷拉率不宜大于4%，HRB335级、HRB400和RRB400级钢筋的冷拉率不宜大于1%		
		3	钢筋加工的形状、尺寸应符合设计要求，其偏差应符合下面的规定		
			项次	项目（钢筋加工）	允许偏差/mm
			1	受力钢筋顺长度方向全长的净尺寸	±10
			2	弯起钢筋的弯折位置	±20
			3	箍筋内净尺寸	±5

| 施工单位检查评定结果 | 主控项目全部合格，一般项目满足规范要求，本检验批合格
项目专业质量检查员：
年　月　日 |
| 监理（建设）单位验收结论 | 监理工程师（建设单位项目专业技术负责人）：
年　月　日 |

196

表 13-2 钢筋分项工程（钢筋连接、钢筋安装）检验批质量验收记录

工程名称		检验批部位		施工执行标准名称及编号	
施工单位		项目经理		专业工长	
分包单位		分包项目经理		施工班组长	
序号				施工单位检查评定记录	监理建设单位验收记录
主控项目	钢筋连接	1	纵向受力钢筋的连接方式应符合设计要求		
		2	在施工现场，应按国家现行标准《钢筋机械连接通用技术规程》JGJ107、《钢筋焊接及验收规程》JGJ18 的规定抽取钢筋机械连接接头、焊接接头试件作力学性能检验，其质量应符合有关规程的规定		
	钢筋安装	3	钢筋安装时，受力钢筋的品种、强度等级、规格和数量必须符合设计要求		

一般项目	钢筋连接	1	钢筋的接头宜设置在受力较小处。同一纵向受力钢筋不宜设置两个或两个以上接头，接头末端至钢筋弯起点的距离不应小于钢筋直径的10倍
		2	在施工现场，应按国家现行标准《钢筋机械连接通用技术规程》JGJ107、《钢筋焊接及验收规程》JGJ18的规定对钢筋机械连接接头、焊接接头的外观进行检查，其质量应符合有关规程的规定
		3	当受力钢筋采用机械连接接头或焊接接头时，设置在同一构件内的接头宜相互错开
		4	同一构件中相邻纵向受力钢筋的绑扎搭接接头宜相互错开，绑扎搭接接头中钢筋的横向净距不应小于钢筋直径，且不应小于25mm
		5	梁、柱类构件的纵向受力钢筋搭接长度范围内的箍筋配置

(续)

	项次	项目（钢筋安装位置）		允许偏差/mm
钢筋安装 一般项目 6	1	绑扎钢筋网	长、宽	±10
			网眼尺寸	±20
	2	绑扎钢筋骨架	长	±10
			宽、高	±5
	3	受力钢筋	间距	±10
			排距	±5
			保护层厚度 基础	±10
			柱、梁	±5
			板、墙、壳	±3
	4	绑扎箍筋、横向钢筋间距		±20
	5	钢筋弯起点位置		20
	6	预埋件	中心线位置	5
			水平高度	+3，0

施工单位
检查评定结果

项目专业质量检查员：

年　月　日

第14章 钢筋加工作业质量要点

本章介绍钢筋加工作业常见质量问题（14.1）及钢筋加工作业质量控制要点（14.2）。

14.1 钢筋加工作业常见质量问题

钢筋加工作业过程中，常见质量问题见表14-1。

表14-1 钢筋加工常见质量问题

环节	序号	项目	造成结果	问题原因	责任人	预防处理办法
1. 钢筋加工	1.1	钢筋加工尺寸偏差较大	尺寸不合格，形成下差的钢筋要废掉重新加工	加工时定尺出现错误	操作工、质检员	严格按照图纸尺寸加工，并严格检查
	1.2	形状与设计有偏差	形状跟设计图不符，钢筋废掉重新加工	图纸拿错或手工加工时出现偏差	操作工、质检员	严格按照图纸尺寸加工，手工加工要做钢筋加工模板
2. 钢筋骨架制作	2.1	绑扎不牢固	钢筋骨架松散，钢筋错位，无法入模	绑扎人员没有绑扎牢固	操作工、质检员	严格按照操作规程绑扎，并严格检查
	2.2	伸出钢筋数量或直径不对	钢筋骨架不能入模，需重新制作	钢筋加工错误或操作人员取错钢筋，检查人员没有及时发现	操作工、质检员	严格按照图纸尺寸加工，并严格检查

环节	序号	项目	造成结果	问题原因	责任人	预防处理办法
2. 钢筋骨架制作	2.3	伸出钢筋位置偏差过大	钢筋骨架不能入模，需重新制作	钢筋加工错误，检查人员没有及时发现	操作工、质检员	严格按照图纸尺寸加工，并严格检查
	2.4	伸出钢筋的伸出长度不足	连接或锚固长度不够，会造成结构安全隐患	钢筋加工错误，检查人员没有及时发现	操作工、质检员	严格按照图纸尺寸加工，并严格检查
	2.5	钢筋保护层垫块放置错误	保护层或大或小影响结构性能	保护层垫块型号安装错误或保护层垫块安装反了	操作工、质检员	严格按照图纸中给出的钢筋保护层垫块大小来进行安装，安装中要注意有钢筋槽的垫块要与钢筋相对应，不要安反了
3. 钢筋套筒	3.1	全灌浆套筒上面钢筋插不到位	主筋锚固长度不足，造成重大的安全隐患	安装套筒时出现错误未能及时发现	操作工、质检员	钢筋严格按照图纸尺寸下料，钢筋插入套筒时要顶在限位上
	3.2	半灌浆套筒的螺纹连接不牢固	主筋锚固长度不足，造成重大的安全隐患	钢筋套丝直径出现错误，套丝长度不够，钢筋和套筒没有拧紧	操作工、质检员	严格按照图纸给出的套丝直径、套丝长度来加工，连接后钢筋上外露螺纹 1~1.5 个螺距

环节	序号	项目	造成结果	问题原因	责任人	预防处理办法
3. 钢筋套筒	3.3	套筒偏斜,安装构件钢筋插不进去	构件无法连接,预制构件做报废处理	套筒与模具固定时位置安装错误或没有固定牢靠	操作工、质检员	严格按照图纸上给出的套筒位置来固定,固定时套筒要保持跟模具垂直并拧紧
4. 预埋件	4.1	预埋件拥挤,导致混凝土锚固不住	预埋件拔出或脱落,造成重大安全隐患,构件无法正常使用	设计图纸错误,预埋件安装尺寸有误	设计人员、操作工、质检员	审图时要及时发现预埋件拥挤问题并反馈信息进行调整,安装预埋件间要留有距离
	4.2	有锚固筋的预埋件跟钢筋骨架之间没有连接	预埋件拔出或脱落,造成重大安全隐患,构件无法正常使用	安装预埋件时没有按照设计图纸规定安装	操作工、质检员	安装时要按照图纸要求,有锚固筋的预埋件要和钢筋骨架进行连接

14.2 钢筋加工作业质量控制要点

钢筋加工作业质量控制要点见表14-2。

表 14-2 钢筋加工质量控制要点

序号	环节	依据或准备		入口把关		过程控制		结果检查	
		事项	责任人	事项	责任人	事项	责任人	事项	责任人
1	钢筋材料进厂	(1) 依据设计和规范要求制定采购标准 (2) 制定验收程序 (3) 制定保管规定	技术负责人	钢筋进厂验收、检验	质检员、试验员、保管员	检查是否按要求保管	保管员、质检员	钢筋使用中是否有问题	质检员、驻厂监理
2	钢筋加工	(1) 依据图纸 (2) 准备加工设备 (3) 培训工人 (4) 制定允许偏差标准	技术负责人、生产负责人、质量负责人	钢筋下料和成型半成品检查	操作工、质检员	(1) 钢筋尺寸检查 (2) 钢筋骨架形状检查	操作工、质检员	钢筋加工尺寸及形状是否与图纸一致	质检员、驻厂监理

序号	环节	依据或准备		入口把关		过程控制		结果检查	
		事项	责任人	事项	责任人	事项	责任人	事项	责任人
3	钢筋骨架制作与入模	（1）依据图纸 （2）编制操作规程 （3）准备工器具 （4）培训工人 （5）制定检验标准	技术负责人、生产负责人、质量负责人	钢筋下料和成型半成品检查	操作工、质检员	（1）钢筋骨架绑扎检查 （2）钢筋骨架入模检查 （3）连接钢筋、加强钢筋和保护层检查	操作工、质检员	复查伸出钢筋的外露长度和中心位置	操作工、质量负责人、驻厂监理
4	钢筋套筒安装	（1）依据图纸 （2）套筒经试验合格后方能使用 （3）培训工人 （4）制定安装标准	技术负责人、生产负责人、质量负责人	套筒尺寸、直径检验	质检员	（1）全灌浆套筒钢筋机械连接检验 （2）半灌浆套筒连接检验 （3）套筒与模具固定检验	操作工、质检员	全灌浆套筒钢筋插入时要顶到套筒内部限位档片上，半灌浆套筒要与钢筋拧固牢，套筒固定到模具上要牢靠，套筒固定垂直并拧紧	操作工、质量检验员、驻厂监理

序号	环节	依据或准备		入口把关		过程控制		结果检查	
		事项	责任人	事项	责任人	事项	责任人	事项	责任人
5	预埋件安装	(1)依据图纸 (2)培训工人 (3)制定安装标准	技术负责人、生产负责人、质量负责人	预埋件尺寸、焊接检验、是否镀锌	质检员	(1)预埋件锚固长度检验 (2)预埋件拥挤的位置处理 (3)有锚固筋的预埋件要与钢筋骨架连接 (4)未镀锌的预埋件禁止使用	操作工、质检员	预埋件的尺寸、锚固长度应与图纸相符，拥挤位置要分离开，保证混凝土对预埋件的锚固要求	操作工、质检员、驻厂监理

第15章　钢筋加工作业安全与文明生产

本章介绍钢筋加工作业安全生产要点（15.1）及钢筋加工作业文明生产要点（15.2）。

15.1　钢筋加工作业安全生产要点

1. 安全管理

（1）建立安全生产责任制，明确各个岗位人员的责任。

（2）制定每个作业岗位的操作规程。

（3）制定各种设备的安全操作规程。

2. 安全设施

（1）钢筋加工要划分区域。

（2）伸出钢筋要有醒目提示的标识。

（3）钢筋加工设备传动部分要设有防护罩或防护板等安全设施。

（4）机电设备须安装灵敏可靠的安全防护装置。

3. 设备使用安全

（1）机械设备使用前要先目测有无明显外观损伤，电源线及插头、开关等有无损伤。

（2）定期对设备进行保养。

（3）设备上零配件损坏要及时更换。

（4）操作人员在当天工作全部完成后要及时切断设备电源。

（5）设备使用前，必须进行空车试运转，确认无异常后方可进行正式生产。

（6）设备使用前，必须检查刀片、调直块等部件的完好程度和固定螺栓的紧固程度等。

（7）禁止加工（包括调直、切断、弯曲）超过规定规格的钢筋。

（8）不直的钢筋禁止在弯曲机上弯曲。

4. 安全生产要点

（1）必须进行深入细致具体定量的安全培训。

（2）对新工人或调换工种的工人经考核合格，方准上岗。

（3）电焊工等特殊工种必须持证上岗。

（4）必须设置安全设施和备齐必要的工具。

（5）生产人员必须佩戴安全帽、防砸鞋、皮质手套等。

（6）对设备和机架上的铁屑、钢末等严禁用手直接清理或用嘴吹，以免划伤皮肤或溅入眼中。

（7）钢筋骨架吊装运输时，要在指定的吊运区域和路线进行，吊钩下方禁止站人或行走。

（8）机械设备上不准放置工具和其他物件，避免因振动落入机体。

（9）维修、保养、更换、清洗机械设备时必须切断电源、悬挂警示牌或设专人看护。

（10）不得私自乱拉乱接电源线，接电源线作业应由专职电工负责。

（11）钢筋全自动设备必须按照开机顺序和关机顺序进行开、关机作业。

（12）钢筋设备区域，尤其是全自动设备区域应设置安全护栏，作业时严禁非操作人员进入。

（13）班组长每天作业前要对班组工人进行作业和安全交底。

15.2 钢筋加工作业文明生产要点

（1）建立文明生产管理制度。

（2）设置定置管理图，确定文明生产管理责任区。

（3）生产区域分人行道、车行道，标识清楚。

（4）生产区域设备和材料要按指定的工位摆放，见图15-1。

图 15-1　设备和材料在指定工位摆放

（5）钢筋原材料要按照规格型号、尺寸、检验状态等分类存放、标识清晰，见图15-2。

（6）半成品和成品要分类存放、标识清晰，见图15-3和图15-4。

图 15-2　钢筋原材料分类存放

图 15-3　钢筋半成品分类存放

（7）地面上的残渣要及时清理。

（8）加工剩余的钢筋残料要随时清理回收，尽可能二次利用，不可利用的作为废品及时出售。

图15-4　钢筋成品分类存放并标识

（9）设备、工具要及时清理，保持干净整洁。

（10）作业区域内，操作人员应养成作业完成随时清理、班前班后定期清理的制度和习惯。